IMPRESS NextPublishing

技術の泉シリーズ

Streamlit 入門

Pythonで学ぶデータ可視化 & アプリ開発ガイド

山口 歩夢 著

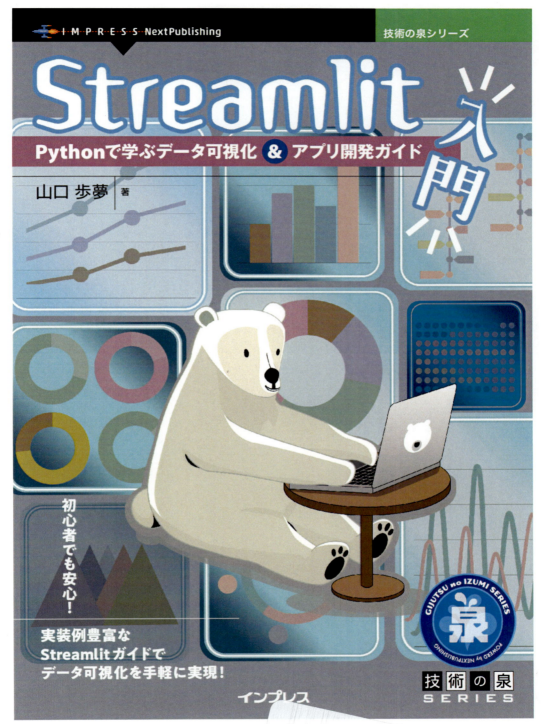

初心者でも安心！

実装例豊富な
Streamlitガイドで
データ可視化を手軽に実現！

インプレス

技術の泉 SERIES

目次

はじめに ………………………………………………………………………………… 4

第1章　Streamlitとは …………………………………………………………………… 7
1.1　Streamlitの概要 …………………………………………………………………… 7
1.2　Snowflakeの概要 …………………………………………………………………… 8
1.3　Streamlit in Snowflakeの概要 …………………………………………………… 9
1.4　Streamlit in Snowflakeの詳細 …………………………………………………… 9
1.5　Streamlitの構造 …………………………………………………………………… 11
1.6　Pythonスクリプト実行の仕組み ………………………………………………… 14
1.7　Streamlitの魅力や将来性 ………………………………………………………… 15

第2章　基本的な機能 …………………………………………………………………… 16
2.1　Streamlitの始め方 ………………………………………………………………… 16
2.2　アプリケーションの外観や動作の設定 ………………………………………… 18
2.3　マルチページ機能の実装 ………………………………………………………… 29
2.4　Session Stateについて …………………………………………………………… 32
2.5　キャッシュについて ……………………………………………………………… 40

第3章　用意されている便利な関数 …………………………………………………… 46
3.1　テキストの表示 …………………………………………………………………… 46
3.2　レイアウトの変更 ………………………………………………………………… 60
3.3　データの可視化 …………………………………………………………………… 76
3.4　データの表示 ……………………………………………………………………… 104
3.5　データフレームのカラムの詳細設定 …………………………………………… 120
3.6　インタラクティブなウィジェット ……………………………………………… 152
3.7　メッセージの出力 ………………………………………………………………… 198
3.8　ウィジェットに記入完了した内容を処理する ………………………………… 204
3.9　Streamlitの隠された関数(おまけ) ……………………………………………… 208

第4章　実践的なアプリケーション開発 ……………………………………………… 215
4.1　StreamlitでSnowflakeのデータを可視化 ……………………………………… 215
4.2　マスタデータのメンテナンス …………………………………………………… 226
4.3　ドリルダウン機能を実装する …………………………………………………… 239
4.4　インタラクティブなカテゴリー選択 …………………………………………… 246

4.5	クリップボードにデータをコピーする	254
4.6	位置情報と関連する属性情報の地図上での可視化	257
4.7	インタラクティブなデータ探索	261

第5章	Streamlit in Snowflake でのデータカタログの作成	273
5.1	データカタログとは	273
5.2	Streamlit でデータカタログを作成するまで	273
5.3	Streamlit in Snowflake にデータカタログをデプロイする	275
5.4	データカタログを使ってみる	280
5.5	データカタログの操作	283

第6章	Streamlit でChatBot を開発する	289
6.1	Snowflake Cortex の概要	289
6.2	Snowflake Cortex のLLM 関数の解説	289
6.3	ChatBot 開発に役立つ Streamlit 関数	292
6.4	ChatBot アプリケーションの構築	294

あとがき / おわりに	303

はじめに

この度は、本書『Streamlit 入門 Python で学ぶデータ可視化&アプリ開発ガイド』を手に取っていただき、誠にありがとうございます。

本書は、Streamlit を活用してデータ可視化アプリケーションを作成するための手順や方法を、丁寧かつ詳細に解説することを目的としています。Streamlit は、Python ベースのオープンソースフレームワークであり、データサイエンスや機械学習の分野でプロトタイピングやデータ可視化を手軽に実現する強力なツールです。そのシンプルで直感的な設計により、技術者だけでなく、これからプログラミングを学習したい方にとっても非常に有用な技術だと考えています。

本書の目的

本書では、Streamlit の基本的な機能や使い方からスタートし、読者がフレームワークを理解し、実際に手を動かしてアプリケーションを構築できるようにサポートします。Streamlit は、データの可視化やインタラクティブなアプリケーションの構築に役立つ多くの機能を提供します。本書では、これらの機能を最大限に活用する方法や、データの効果的な可視化方法、アプリケーションの設計パターンなど、実践的なベストプラクティスについて詳細に解説します。これらの目的を達成するために、実践的な例を多数提供し、読者が Streamlit を効果的に活用できるようにサポートします。

Streamlit の基本的な使い方から始め、業務において実際に直面するニーズを反映したデータ可視化アプリケーションの構築、そしてその公開や共有まで、実践的な内容を網羅的に取り上げています。また、Streamlit で作成したデータカタログの紹介や、Snowflake の LLM（大規模言語モデル）を導入したチャットボットの開発方法といった、より高度で応用的なトピックについても解説します。

自分自身、Streamlit を利用してデータ可視化アプリやデータカタログを業務で開発する中で、その使いやすさに感銘を受けました。しかし、日本ではまだ Streamlit に関する情報が限られており、英語のドキュメントや記事を参照する必要がありました。そんな中で、日本語圏の開発者にとってのハードルを下げ、Streamlit 活用を促進したいという思いで執筆しました。多くの方々のお役に立てると幸いです。

本書の対象読者

本書は次のような人を対象としています。
・データ分析者
・データエンジニア
・Python 開発者
・その他データに興味のある人々

データを可視化し、インタラクティブなアプリケーションを構築したい方々にとって有益な書籍になるよう執筆しました。

前提とする知識

　本書では、プログラミング初学者の方にもお使いいただけるように丁寧に解説しましたが、基本的にはPythonプログラミングの基礎知識を前提としています。また、データの基本的な概念や操作方法についての理解があると、よりスムーズに進められ、深い理解が得られるかと思いますが、必須の条件ではありません。

謝辞

　本書の執筆にあたり、小宮山紘平氏(著書: ゼロからのデータ基盤Snowflake実践ガイド 技術の泉シリーズ, X: @kommy_jp)、本橋峰明氏(X: @mmotohas)、檜山徹氏(X: @toru_data)にレビューしていただきました。この場を借りてお礼申し上げます。誠にありがとうございました。

第1章　Streamlitとは

|||||||||||||||||||||||||||||||||||||||||||||||||||||||||||||||||||||||||||||||||||||||||||||||||||||||||||||

データの重要性がますます高まる中、データの分析や可視化を行うためのツールやフレームワークも、ますます注目されています。その中でも、StreamlitはPythonベースのオープンソースフレームワークとして、データの可視化や分析アプリケーションの構築をすばやく簡単に行うことができることで広く知られています。本章では、Streamlitとは何か、その特徴や利点について紹介します。Streamlitの概要や基本的な使い方を理解することで、データの可視化や分析における効率性を高めることができます。さらに、本章では、Streamlitを使用するメリットや実際の使用例についても解説します。データの可視化や分析に興味のある方にとって、Streamlitは強力なツールであり、Streamlitでアプリケーションを作成するにあたって基本的な理解は非常に有用です。

|||||||||||||||||||||||||||||||||||||||||||||||||||||||||||||||||||||||||||||||||||||||||||||||||||||||||||||

1.1　Streamlitの概要

　Streamlitは、データサイエンスや機械学習の分野でのアプリケーション開発を効率化するために設計されたPythonベースのオープンソースフレームワークです。データ可視化や分析のためのウェブアプリケーションをすばやく構築することができ、そのシンプルな構文と豊富な機能が特徴です。

　Streamlitの主な特徴のひとつは、ウェブアプリケーションの作成を簡単かつ迅速に行えることです。データサイエンティストや開発者は、WEB開発の知識がなくてもデータ分析の結果を可視化し、インタラクティブなダッシュボードを構築することができます。データサイエンティストが作ったモデル、UIを使用することで、エンジニアでない人がUI上でパラメータを変更するだけで、機械学習を実践することもできます。

　アプリケーション上でデータを操作して、データウェアハウス(以下DWH)のテーブルを即座に変更することも可能です。これにより、アプリケーション使用者はデータの変化をリアルタイムに編集し、DWH内のデータと手入力したデータを組み合わせたデータ可視化やデータ分析、マスタデータの更新なども可能です。さらに、Streamlitは豊富なウィジェットを提供しており、アプリケーション使用者に対してデータの操作や、フィルタリングなどをするためのインタラクティブなインターフェースを構築することができます。スライダーやチェックボックス、テキスト入力などのウィジェットを組み合わせることで、高度なデータ分析や可視化を行うことができます。Streamlitの最新バージョンは、公式ドキュメント[1]で確認可能です。

　データドリブンな事業運営のためにはデータ活用のためのツールが必要であり、Redash[2]などのBIツールの機能の範囲を超えるツールを提供したい場合には別途開発チームを組んで開発するなど、時間のかかる作業が必要でした。さらに運用が日々変化すると、それに合わせたツールの改修も、

1.https://docs.streamlit.io/develop/quick-reference/changelog

2.https://redash.io/

再び開発者を介して行う必要がありました。

　ここで、Streamlit によりデータ系のエンジニアのみでツール開発を行えるようになれば、ツールの提供は飛躍的に簡単になります。このような展望を見据え、データクラウドサービスの Snowflake を提供する Snowflake Inc.[3]は Streamlit を買収し[4]、連携を強化しました。

　また昨今、Streamlit Forum に新たに日本語専用のカテゴリー[5]が誕生しました。これにより、日本語で気軽に質問を投稿したり、アプリケーションの事例、ブログ記事、さらにはイベント情報をシェアすることが可能になりました。日本語での交流を通じて、より多くの方々が Streamlit を活用できるよう、ぜひご活用ください。日本における Streamlit コミュニティーの発展を一緒に盛り上げていきましょう。

1.2　Snowflake の概要

　Snowflake は、クラウドベースのデータプラットフォームであり、データの保管、処理、分析を効率的に行うことができるサービスです。Snowflake は、データウェアハウスとしての機能を提供し、さまざまなデータソースからのデータの集約、クエリの実行、レポーティングなどを可能にします。また、スケーラビリティー、セキュリティー、およびパフォーマンスに優れており、多くの企業がビッグデータの処理や分析に利用しています。

　Snowflake の特徴のひとつは、自動的にマイクロパーティション[6]を作成する機能、および自動クラスタリング機能です。これにより、パーティションのメンテナンスが不要となり、データ管理が大幅に簡素化されます。また、Secure Data Sharing[7]機能により、テーブルを他の Snowflake アカウントと安全に共有することが可能です。さらに、Snowpark Container Service[8]を利用することで、開発者はさまざまなプログラミング言語（たとえば Java、Scala、Python）を使って、Snowflake 内でアプリケーションのデプロイや管理、スケーリングを行うことができます。

　そして何より、Streamlit を使ってアプリケーション開発を行っているエンジニアにとっては、Snowflake 上で Streamlit アプリケーションを使用・共有できる「Streamlit in Snowflake」[9]は非常に便利です。この機能により、データ駆動型アプリケーションの開発と展開が一層簡単になります。

　また、Snowflake には「SnowVillage」[10]という活発なコミュニティーが存在し、ここから多くの知識やノウハウを学ぶことができます。このコミュニティーは、Streamlit や Snowflake の利用者にとって貴重なリソースとなっています。誰でも気軽に参加できるコミュニティーで、筆者も参加しており、日々非常に多くのことを学ばせていただいております。

3.https://www.snowflake.com/ja/

4.https://www.snowflake.com/blog/snowflake-to-acquire-streamlit/?lang=ja

5.https://discuss.streamlit.io/t/streamlit-forum/81713

6.https://docs.snowflake.com/en/user-guide/tables-clustering-micropartitions

7.https://docs.snowflake.com/ja/user-guide/data-sharing-intro

8.https://docs.snowflake.com/ja/developer-guide/snowpark-container-services/overview

9.https://docs.snowflake.com/en/developer-guide/streamlit/about-streamlit

10.https://usergroups.snowflake.com/snowvillage/

1.3 Streamlit in Snowflakeの概要

Streamlit in Snowflakeは、Snowflakeのデータクラウド上でStreamlitアプリケーションを簡単に構築・共有することができる機能です。SnowflakeのWEBコンソールから作成することができます。(図1.1)

図1.1: Streamlit in SnowflakeのUI

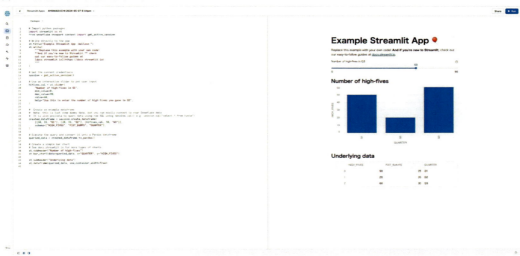

「Streamlit in Snowflake」を使用することで、AWSなどのクラウドサービスを使ってインフラを構築・運用する手間を大幅に軽減することができます。また、Streamlitで作成したアプリケーションも、アプリケーションで使用するデータも全てSnowflake上で管理できるところも魅力です。一方で、「Streamlit in Snowflake」ではサポートされていないStreamlitの関数などもありますので、開発前にその制限事項を確認することが重要です。

1.4 Streamlit in Snowflakeの詳細

本書では、Streamlitで作成したアプリケーションをStreamlit in Snowflake上へデプロイする方法も紹介します。そのため、Streamlit in Snowflakeを使用する上で知っておいた方がいい機能をこちらで解説します。

1.4.1 制限事項

Streamlit in Snowflakeでは、制限事項やサポートされていない機能が存在します。知っておくと役立つものをいくつか紹介します。制限事項やサポートされていない機能はありますが、改良されて少しずつなくなっていっています。そのため、ドキュメントは常に最新のものを参照して確認するようにして下さい。[11]

---

[11] https://docs.snowflake.com/en/developer-guide/streamlit/limitations

1. アカウントの制限：Snowflakeアカウントが AWSまたは、Azure、GCPのリージョンに配置されている必要があります。GCPは2024年5月14日時点でサポートが開始しました。[12]

2. データ量の制限：Streamlit in Snowflakeで実行されているアプリケーション上では、ひとつのクエリで取り出すことができるデータ量は32MBまでです。

3. マルチページの制限：SQLコマンドを使用してのみ作成することができます。CREATE STREAMLIT文[13]があるので、そちらを使いましょう。

4. Snowflakeの一部の関数の使用制限：「CURRENT_USER」などの「CURRENT_*」から始まる関数が、空またはNoneで値を返します。「CURRENT_USER」を使用する場合は、「st.experimental_user」を代わりに使用する必要があります。

5. Streamlitの関数の使用制限：一部のStreamlit関数は、Streamlit in Snowflakeでサポートされていない場合があります。具体的には、公式ドキュメントでサポートされている機能とサポートされていない機能を確認することが重要です。

1.4.2　バージョンについて

Streamlit in Snowflakeでは、Streamlitの最新バージョンが公開された後、後追いでそのバージョンが使用可能になることが多いです。また、Streamlit in Snowflakeで使用するStreamlitライブラリーのバージョンは、「environment.yml」ファイルで選択するか、Snowsight[14]上で選択できます。バージョンを指定しない場合、利用可能な最新バージョンが自動的に使用されますが、新しいバージョンがリリースされた際に、Streamlit in Snowflakeがそのバージョンに更新されることで不具合が発生する可能性があります。そのため、バージョンを明示的に指定しておくことが推奨されています。

1.4.3　外部パッケージの使用について

Streamlit in Snowflakeはデフォルトで「Python」、「Streamlit」、および「Snowpark」をインポートしています。外部パッケージをインポートすることも可能で、以下のふたつの方法が利用できます。

- ・Snowsightでの GUI管理: Snowsightのインターフェースを使用して、外部パッケージをインポート・管理する方法
- ・「environment.yml」を使ったコマンド管理: コマンドラインから「environment.yml」ファイルを用いてパッケージを管理する方法

1.4.4　料金体系について

Streamlit in Snowflakeは、稼働しているSnowflakeのウェアハウスとSQLに対して料金が発生します。Streamlitでアプリケーションを動かす際に、アプリケーションの実行とクエリの実行を担う

12.https://docs.snowflake.com/en/release-notes/2024/other/2024-05-14-sis
13.https://docs.snowflake.com/ja/sql-reference/sql/create-streamlit
14.https://docs.snowflake.com/ja/user-guide/ui-snowsight

ウェアハウスを選択する必要があります。そのウェアハウスの料金が、Streamlit in Snowflakeを使用する料金となります。

デフォルト設定では、ウェアハウスはアプリケーションに接続している間と、アプリケーションの使用終了後に15分間動作し続けます。しかし、「config.toml」ファイル内でカスタムスリープタイマー機能を使うことで、アプリケーションが未使用の際にウェアハウスを停止するまでの時間を設定できます。[15]

ウェアハウスはできるだけ小さいものを使用して、アプリケーションの作業負荷に合わせてサイズを調整することが推奨されています。また、Streamlit専用のウェアハウスを作成して使用することが推奨されています。コストの管理を容易にし、他の処理の影響を受けないようにするためです。

1.5 Streamlitの構造

Streamlitで作成したアプリケーションは、クライアントサーバー構造になっています。[16]クライアントサーバー構造では、サーバー(バックエンド)とクライアント(フロントエンド)のふたつの役割があります。機能やサービスを提供するサーバーがアプリケーションのバックエンドの処理を行い、クライアントはその処理結果をブラウザーで表示する役割を持っていて、分離して処理をします。そして、サーバーとクライアント間の一連の処理の間で通信をしてセッションを張ることで接続します。Streamlitでは、ローカルで開発する場合はコンピューターがサーバーとクライアントの両方を実行します。しかし、アプリケーション使用者がアプリケーションにオンラインでアクセスする場合は、サーバーとクライアントは別々のマシンで実行されるようになっています。

1.5.1 サーバー側の処理

Streamlitで開発したアプリケーションは、「streamlit run *.py」コマンドを実行すると動きます。「streamlit run」コマンドを実行すると、コンピューターはPythonを使用してStreamlitサーバーを起動します。このサーバーが、アプリケーション使用者が実行した計算処理などを全て行います。たとえば、AWS EC2で「streamlit run」を実行してアプリケーションを起動したとします。そのアクセスした10のアプリケーション使用者がアプリケーションを同時に操作すれば、10人分の操作をAWS EC2上のひとつのStreamlitサーバーが全ての処理を捌くことになります。

1.5.2 クライアント側の処理

ブラウザーでアプリケーションを見る人の端末は、Streamlitのクライアントということになります。動作のイメージを説明します。Streamlitでは、「streamlit run」というコマンドでアプリケーションの実行を行います。「streamlit run」を実行しているコンピューター上にて、アプリケーションの閲覧をする場合は、サーバーとクライアントが同じマシンで動作することになります。しかし、「streamlit run」を実行しているコンピューターとは別のコンピューターからローカルネットワーク

15.https://docs.snowflake.com/en/developer-guide/streamlit/additional-features#custom-sleep-timer-for-a-streamlit-app

16.https://docs.streamlit.io/develop/concepts/architecture/architecture

第1章　Streamlitとは　　11

やインターネット経由でアプリケーションを見る場合、クライアントはサーバーとは別のマシンで
動作することになります。(図1.2)

図1.2: Streamlitの構造

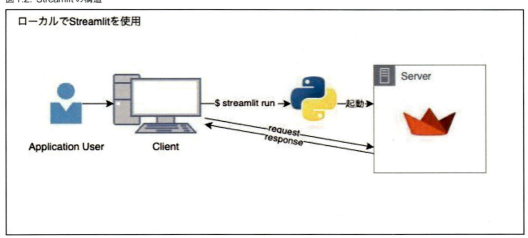

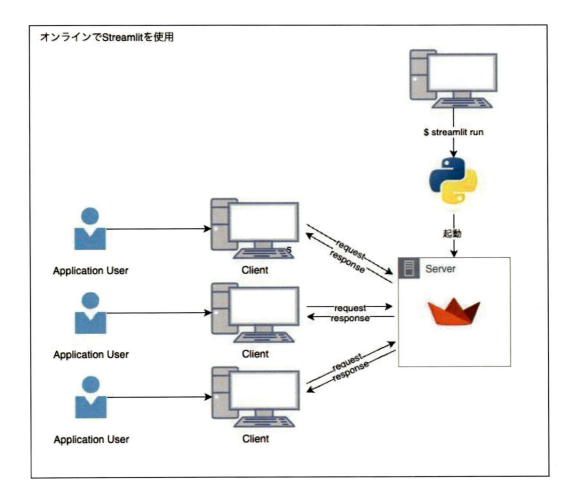

1.5.3 アプリケーション設計の注意点

　前述したクライアントサーバー構造がアプリケーションに与える影響がいくつか存在するため、アプリケーション設計時にいくつか注意する必要があります。データ可視化アプリケーションを作成するときは、以下に注意すれば問題ないかと思います。

　まずは、コンピューターの性能についてです。アプリケーションを実行するコンピューターは、同時にアプリケーションを使用する人数や処理を考慮して適切なサイズに設定する必要があります。Streamlit in Snowflakeでアプリケーションを動かす場合は、Snowflakeの仮想ウェアハウスの性能、AWS EC2で動かす場合はインスタンスの性能を考慮する必要があります。ちなみに、Streamlit in Snowflakeの仮想ウェアハウスは小さいものから使用して、不便が生じたら徐々に大きくしていくことが推奨されています。

　次は、サーバーはアプリケーション使用者のデバイスにアクセスできないという点です。クライアントサーバー構造ではサーバー側とクライアント側の処理が分離され、それらの処理をネットワーク通信で接続します。これにより、サーバーはアプリケーション使用者のデバイスにアクセスすることができないため、Streamlitからアプリケーション使用者のファイルやディレクトリー、またはOSにアクセスすることができないといったことが起きます。「st.file_uploader」[17]などのウィジェットを介してアプリケーション使用者が特定のファイルをアップロードすることで、アプリケーションにファイルを直接提供して対処する必要があります。

1.6　Pythonスクリプト実行の仕組み

　Streamlitの大きな特徴として、アプリケーションで操作や変更がある度にPythonスクリプト全体を再実行するといった点があります。たとえば、チェックボックスをひとつだけ変更した場合でも、スクリプト全体が再実行されます。これにより、常に最新の情報が反映されますが、同時に計算コストがかかります。

　しかし、Streamlitにはこの再実行の負荷を軽減するための機能があります。第2章にて解説する「st.cache_data」と「st.cache_resource」を使うと、関数の結果をキャッシュに保存しておくことができます。これにより、同じ関数を何度も実行する必要がなくなり、アプリケーションのパフォーマンスが向上します。さらに、「st.session_state」を使うと、セッション間で変数を保持できます。これにより、アプリケーション使用者の操作やデータの状態をセッション間で維持し、アプリケーションの動作をより柔軟に制御できます。

　また、2024年4月には部分的にページのリフレッシュを行うfragment機能[18]がリリースされました。この機能により、アプリケーション上の数値の変更に関係のある部分のみを更新することで、パフォーマンスの向上を図ることができます。第2章にて、fragmentを使用した簡単なアプリケーションの作成も実施します。

17.https://docs.streamlit.io/develop/api-reference/widgets/st.file_uploader

18.https://docs.streamlit.io/develop/api-reference/execution-flow/st.fragment

1.7　Streamlitの魅力や将来性

　Streamlitの魅力のひとつとして、持続的なアップデートがあると考えています。Streamlitの GitHubリポジトリーにはissuesとして、様々な不具合やアップグレードのためのアイデアが挙げられています。[19]そして、それらが頻繁に反映されてリリースノートとして発表されています。今後も更なるアップグレードが期待でき、開発の幅が広がっていくのではないかと考えています。実際毎月のように新しいバージョンが公開され、どんどん実装できる機能が拡張されています。

　また、BIツールやデータカタログを無料かつ、自由度高く開発できるところも魅力だと考えています。市場にあるBIツールやデータカタログは非常に便利なものも多いですが、同時に高額なものが多いです。そこでStreamlitを使用することで、それらのツールを少ないコードかつ無料で自作することができます。そして、市場のツールには自分が使わない機能が含まれていることや、痒い所に手が届かないといったこともあるかと思います。Streamlitを使用することで、自分が欲しい機能だけを拡張できるところも魅力です。

　さらに、インフラの知識がなくても、Streamlit in Snowflakeに簡単にデプロイができる点も見逃せません。これにより、データサイエンティストや分析担当者が簡単に自分のアプリケーションをクラウドに展開し、共有できるようになります。インフラの専門知識が不要なため、より多くの人々が手軽にデプロイ作業を行うことができます。

　加えて、WEB開発の知識がなくても、簡単にアプリケーションを作成できる点も大きな強みです。Streamlitはシンプルで直感的なAPIを提供しており、Pythonの基本的な知識さえあれば誰でも美しいインタラクティブなウェブアプリケーションを作成することができます。これにより、高度なアプリケーションでも迅速に開発し、共有することが可能となります。

　さらに、Snowflakeとの連携をすることで、Snowflake Cortex[20]を使ったアプリケーション開発でLLM（大規模言語モデル）をアプリケーションに導入できることも大きな利点です。これにより、自然言語処理や生成AIを活用した高度なアプリケーションを手軽に構築でき、さまざまなビジネスニーズに対応することができます。データのインサイトを得るだけでなく、それを即座に実行に移すための強力なツールとして、Streamlitの可能性はますます広がっていくことでしょう。

　これらの点を踏まえると、Streamlitは今後ますます進化し、データサイエンスやアプリケーション開発の現場で欠かせないツールとしての地位を確立していくことが予想されます。

　以上がStreamlitやSnowflakeについての概要や基礎知識、魅力や将来性です。これらの基礎知識をしっかりと理解しておくことで、Streamlitを使ったアプリケーションの開発をより効率的に行うことができます。次章からは、更に踏み込んだStreamlitの基本的な機能を解説して参ります。

19.https://github.com/streamlit/streamlit/issues

20.https://docs.snowflake.com/en/user-guide/snowflake-cortex/llm-functions

第1章　Streamlitとは　15

第2章 基本的な機能

本章では、Streamlitの基本的な使い方から設定、さらにはアプリケーションの外観や動作のカスタマイズ方法まで、網羅的にご紹介します。これらのStreamlit基本を理解することで、データの可視化や分析の効率性を向上させることができます。アプリケーションの外観や動作などの設定やセッション間での変数の保持方法など、Streamlitでアプリケーションを作成する上で必要な基本的な知識について学びましょう。

2.1 Streamlitの始め方

Streamlitを使うことで、非常に手軽にWEBアプリケーションを開発できます。まずは、Streamlitでのアプリケーション開発の始め方についてお話します。以下の3ステップで、アプリケーションの作成が可能です。

2.1.1 Streamlitのインストール

まず、Streamlitをインストールする必要があります。次のコマンドを使用して、pipを介してStreamlitをインストールします。本書では「streamlit」という仮想環境を作り、その中で「streamlit」やその他のライブラリーをpip installする形でStreamlitを使っていきます。

```
$ python -m venv streamlit
$ source streamlit/bin/activate
$ pip install streamlit
```

2.1.2 pyファイルを作成

まずは、Pythonスクリプトを記載するファイルを作成します。今回は「streamlit_app.py」という名前でファイルを作成し、以下のコードを書きます。

リスト2.1: はじめてのStreamlit

```
1: import streamlit as st
2:
3: # タイトルとテキストを追加
4: st.title('はじめてのStreamlit')
5: st.write('Streamlitでアプリを作成しよう')
```

16 | 第2章 基本的な機能

2.1.3 コマンドラインでアプリケーションを実行

以下のコマンドで作成したコードを実行します。

```
$ streamlit run streamlit_app.py
```

これでブラウザーが自動的に開き、Streamlitアプリケーションが表示されるはずです。(図2.1)

また、「streamlit run」コマンドを実行すると、Streamlitがローカルサーバーを起動し、Webブラウザーでアプリケーションを表示するためのURLが表示されます。通常、次のような情報がCLI (Command Line Interface) に表示されます。以下の「Network URL」をブラウザーに入力することでも、Webブラウザーにアプリケーションを表示できます。

```
You can now view your Streamlit app in your browser.

Network URL: http://xxx.xxx.x.xxx:8501
External URL: http://xxx.xxx.x.xxx:8501

For better performance, install the Watchdog module:

$ xcode-select --install
$ pip install watchdog
```

図2.1: はじめてのStreamlit

以上の3ステップで、Streamlitでアプリケーション開発を行う準備が完了しました。ちなみに、

本書執筆時点ではプレビュー状態ですが、Streamlit Playground[1]を使用することで、ブラウザー上でStreamlitの関数の一部を動かすことが可能です。第3章にて、紹介する関数の挙動を確認する際などに便利です。

2.2　アプリケーションの外観や動作の設定

ここでは、Streamlitの外観や動作などを設定する方法について紹介します。「set_page_config」関数や「config.toml」ファイルなどを使用することで、Streamlitアプリケーションの外観や動作を整えることができます。[2]

それでは、アプリケーションの外観や動作の設定方法を解説していきます。

2.2.1　set_page_configの設定

「set_page_config」関数を使用することで、アプリケーションのタイトルやアイコン、レイアウトなどを指定することができます。「set_page_config」は、StreamlitのPythonスクリプトの中で最初に記述する必要があります。

そして、「set_page_config」関数には、以下のようなオプションが用意されています。

2.2.1.1　page_title

アプリケーションのタイトルを設定できます。ブラウザーのタブに表示されます。

2.2.1.2　page_icon

アプリケーションのアイコンを設定できます。ブラウザーのタブやブックマークで表示されます。

2.2.1.3　layout

アプリケーションのレイアウトを設定できます。「centered」、「wide」が選択できます。デフォルトは「centered」となっており、「wide」に設定すると、アプリケーションが画面いっぱいに表示されます。

2.2.1.4　initial_sidebar_state

サイドバーの初期状態を設定できます。「auto」，「expanded」、「collapsed」が利用可能です。デフォルトは「auto」となっており、小さなデバイスではサイドバーを隠し、それ以外では表示します。「expanded」はサイドバーを表示させ、「collapsed」はサイドバーを隠します。「auto」を使用することが推奨されています。

2.2.1.5　menu_items

アプリケーションの右上に表示されるナビゲーションメニューを辞書型で設定できます。「Get help」、「Report a Bug」、「About」が設定でき、外部へのリンク、ページ内リンクなどを追加でき

1.https://streamlit.io/playground

2.https://docs.streamlit.io/develop/api-reference/configuration

ます。

最初に作成した「streamlit_app.py」にコードを追記してみます。

リスト2.2: set_page_config の設定

```
 1: import streamlit as st
 2:
 3: # ページの設定
 4: st.set_page_config(
 5:     page_title="Streamlitアプリケーション",
 6:     page_icon=":computer:",
 7:     layout="wide",
 8:     initial_sidebar_state="auto",
 9:     menu_items={
10:         'Get Help': 'https://docs.streamlit.io/develop/api-reference/configu
ration/st.set_page_config',
11:         'Report a bug': 'https://docs.streamlit.io/develop/api-reference/con
figuration/st.set_page_config',
12:         'About': "Streamlitでアプリを作成しよう"
13:     }
14: )
15:
16: # タイトルとテキストを追加
17: st.title('はじめてのStreamlit')
18: st.write('Streamlitでアプリを作成しよう')
```

Pythonスクリプトができたので、再度「streamlit run」を実行します。

```
$ streamlit run streamlit_app.py
```

タブに「page_title」、「page_icon」が設定され、「layout」をwideにしたことによって、アプリケーションが画面いっぱいに表示されるようになっています。(図2.2)そして、右上のナビゲーションメニューの「Get help」、「Report a bug」をクリックすると、「menu_items」オプションに設定したURLに飛ぶこともできるようになっています。(図2.3, 図2.4)

第2章 基本的な機能 | 19

図 2.2: set_page_config で機能を追加したアプリケーション

図 2.3: ナビゲーションメニューはこちら

図 2.4: About をクリックすると、このように表示されます

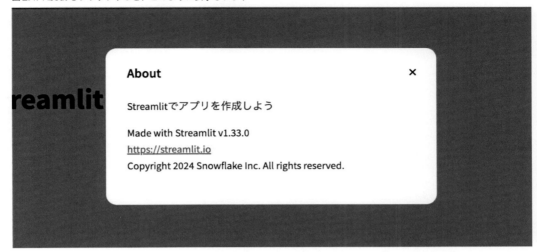

2.2.2　config.tomlでデザインを設定

　Streamlitでは、「config.toml」という設定ファイルを使用して、アプリケーションの外観や動作をカスタマイズすることができます。このファイルを使用することで、アプリケーション全体の設定を一元管理し、簡単に変更できます。このファイルには、様々な設定オプションが含まれており、これらを変更することでアプリケーションのふるまいや外観を調整することができます。「config.toml」ファイルの「theme」設定をアプリケーションが動いている間に変更すると、それらの変更はすぐにアプリケーションに反映されます。一方で、「theme」以外の設定を変更した場合は、アプリケーションに変更を反映させるためにstreamlitを再起動させる必要があります。

　まず、「.streamlit」ディレクトリーを作成して、その中に「config.toml」ファイルを配置します。

リスト 2.3: .streamlit ディレクトリーを作成

```
1: project名/
2: ├── streamlit_app.py
3: └── .streamlit/
4:         └── config.toml
```

　「config.toml」ファイルで設定可能なオプションは、以下のコマンドを実行することで確認できます。

```
$ streamlit config show
```

　コマンドを実行していただくとわかると思いますが、設定できるオプションは非常に多く、オプションのいくつかはデフォルトの状態で便利に使える状態に設定されています。そのため、本書では

「config.toml」の「theme」の設定に焦点を当てて紹介します。「theme」オプションを使用すると、Streamlitアプリケーションのテーマを設定できます。こちらには、背景色、テキストの色、フォントの種類などが含まれます。テーマをカスタマイズすることで、アプリケーションの外観をブランドに合わせたり、アプリケーション使用者の好みに合わせることができます。「theme」は、以下のようなオプションが設定可能です。

2.2.2.1　primaryColor

チェックボックス、スライドバー、テキストボックスなどのStreamlitアプリケーションの主要な部分の色を設定できます。

2.2.2.2　backgroundColor

アプリケーションの背景色を設定できます。

2.2.2.3　secondaryBackgroundColor

サイドバーやウィジェットなどの背景色を設定できます。

2.2.2.4　textColor

アプリケーション内のテキストの色を設定できます。

2.2.2.5　font

アプリケーション内で使用されるフォントファミリーを指定します。デフォルトは「sans serif」で、他には「serif」、「monospace」が設定できます。

2.2.2.6　base

ライトモードとダークモードを切り替えることができます。「light」と「dark」が設定可能です。デフォルトは「light」です。

これらの「theme」オプションを適切に設定することで、Streamlitアプリケーションの外観を使用者の好みに合わることができます。本書ではデフォルトの色で進めますが、好みに合わせて変えてみてください。

リスト2.4: config.tomlの「theme」の書き方の例

```
1: [theme]
2: primaryColor="#F63366"
3: backgroundColor="#FFFFFF"
4: secondaryBackgroundColor="#F0F2F6"
5: textColor="#262730"
6: font="sans serif"
```

ちなみに、アプリケーション上の「Settings」から外観を変更することも可能です。こちらの「Edit active theme」から各箇所の色を微調整して、全体の色のバランスを確認した上で色の名前を

「config.toml」に書く方法が便利です。(図2.5)

図2.5: Edit active theme

2.2.3 config.tomlで静的ファイルを取り扱う

　Streamlitでは、静的ファイル（画像、CSS、JavaScriptなど）を取り扱う必要がある場合もあります。CSSやJavaScriptなどは、第3章にて解説する関数を使用することで、Streamlitに反映することが可能です。ここでは、Streamlitで画像の静的ファイルをどのように扱うか、「config.toml」にどのような設定を加えるのかについて解説します。

　Streamlitアプリケーションで静的ファイルを提供するには、特定のフォルダーを作成し、その中に静的ファイルを配置します。「static」という名前のフォルダーを使用することが推奨されています。例として、ディレクトリー構造は以下のようになります。

リスト2.5: 静的ファイルを扱うディレクトリー構造

```
1: root/
2: ├── streamlit_app.py
3: └── static/
4:     ├── css/
5:     │   └── styles.css
6:     ├── js/
7:     │   └── script.js
8:     └── images/
9:         └── logo.png
```

試しに、以下のしろくまの画像をStreamlitアプリケーション上に表示してみましょう。(図2.6)

図2.6: 表示するしろくま

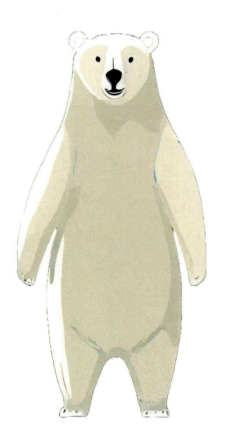

まずは以下のディレクトリー構成で「static」ディレクトリーにしろくまを配置します。

リスト2.6: 「static」ディレクトリーにしろくまを配置

```
1: root/
2: ├── streamlit_app.py
3: ├── .streamlit/
4: │      └── config.toml
5: └── static/
6:     └── images/
7:         └── polar_bear.png
```

そして、「streamlit_app.py」には以下のような記述をします。

リスト2.7: しろくまを表示するコード

```
1: import streamlit as st
2:
3: # 画像を表示
4: st.image("./static/images/polar_bear.jpg")
```

そして、「config.toml」に[server]という項目を付け足し、その下に「enableStaticServing = true」と書きます。この設定を行うことで、「static」ディレクトリーの中に静的ファイルの使用ができるようになるので、忘れないように設定しましょう。

26　第2章　基本的な機能

リスト2.8: config.toml に server を付け足す

```
1: [server]
2: enableStaticServing = true
```

そして最後に「streamlit run」コマンドを実行してみると、(図2.7)のようにしろくまがアプリケーション上に表示されます。

図2.7: Streamlit 上に表示されたしろくま

2.2.4　CSSを使って背景に画像を使う

CSSを使うことで画像をただ表示するだけでなく、画像をアプリケーションの背景にすることも可能です。先ほど「static/images」ディレクトリーに配置したしろくまを使用して、背景を設定してみましょう。以下のスクリプトでは、指定した画像をBase64形式にエンコードし、CSSで背景画像として適用しています。

リスト2.9: しろくまを背景に設定する

```
 1: import streamlit as st
 2: import base64
 3:
 4: def get_base64_image(image_path):
 5:     with open(image_path, "rb") as img_file:
 6:         return base64.b64encode(img_file.read()).decode()
 7: image = './static/images/polar_bear.jpg'
 8: encoded_image = get_base64_image(image)
 9:
10: css = f'''
11: <style>
```

```
12:     .stApp {{
13:         background-image: url("data:image/jpg;base64,{encoded_image}");
14:         background-size: cover;
15:         background-position: center;
16:         background-color:rgba(255,255,255,0.4);
17:     }}
18:     .stApp > header {{
19:         background-color: transparent;
20:     }}
21: </style>
22: '''
23: st.markdown(css, unsafe_allow_html=True)
24:
25: # タイトルとテキストを追加
26: st.title('はじめてのStreamlit')
27: st.write('Streamlitでアプリを作成しよう。')
28: st.write('背景画像としてしろくまを表示しているので、文字の後ろにしろくまが表示されています。
')
```

(図2.8)のように、無事背景にしろくまを設定することができました。背景に設定しているので、文字の後ろにしろくまが表示されています。

以上がStreamlitでの静的ファイルの取り扱い方となります。

図2.8: 背景に設定されたしろくま

2.3　マルチページ機能の実装

　Streamlitでは、アプリ内に別のページを作成して異なるアプリケーションを配置する、マルチページ機能を実装できます。

　マルチページ機能を実装することで、Streamlitアプリケーションを複数のページに分割し、それぞれのページに異なる機能やコンテンツを配置することができます。これにより、アプリケーションの使いやすさやを向上させることができます。以下に、Streamlitでマルチページ機能を実装する方法を説明します。マルチページ機能を実装する方法にはいくつか方法がありますが、本書では「st.page_link」関数[3]と「pages.toml」ファイルを使用する形式で実装したいと思います。

2.3.1　必要なディレクトリーやファイルを用意する

　ディレクトリー構成は以下のようにします。Streamlitでは、「pages」ディレクトリーの中にファイルを追加するだけで簡単にマルチページ機能を実装することができます。しかし、ファイル名がそのままマルチページ名として表示されてしまうため、「st.page_link」関数と「pages.toml」を使って日本語表記に変更するための設定を加えようと思います。

　「functions」ディレクトリーには、「st.page_link」を使用した関数を用意します。これによって、「streamlit_app.py」、「multi_page1.py」、「multi_page2.py」の全てのファイルで「st.pages_link」を使用した関数を呼び出すだけで、サイドバーにマルチページを表示できるようにします。まずは前準備として、以下のようにディレクトリーやファイルを用意します。

3.https://docs.streamlit.io/develop/api-reference/widgets/st.page_link

第2章　基本的な機能　29

リスト 2.10: pages.toml 使用時のディレクトリー構成

```
1: project名/
2: ├── streamlit_app.py
3: ├── pages/
4: │      ├── multi_page1.py
5: │      └── multi_page2.py
6: ├── functions/
7: │      └── multi_pages.py
8: ├── .streamlit/
9:        └── config.toml
```

「pages」ディレクトリーにファイルを追加すると、(図2.9)のようにマルチページが作成されます。

図 2.9: 「pages」ディレクトリーにファイルを追加した場合

2.3.2 Pythonスクリプトを用意する

ここまでで実装したマルチページは、ページ名が英語表記になっています。今回は、マルチページ名を日本語表記で実装してみようと思います。「multi_pages.py」にマルチページを日本語で表示するための関数を用意します。

文字化けしてしまう関係で、サンプルコードには「:house:」、「:one:」、「:two:」などの絵文字のショートコードで記入していますが、本書執筆時点では、「st.page_link」では絵文字のショートコードがサポートされていません。そのため、(図2.10)のように「icon」パラメータには実際の絵文字を指定してください。

リスト 2.11: functions/multi_pages.py に関数を用意

```
1: import streamlit as st
2: 
3: 
```

```
4: def multi_page():
5:     with st.sidebar:
6:         st.page_link("streamlit_app.py", label="ホーム", icon=":house:")
7:         st.page_link("pages/multi_page1.py", label="マルチページ1",
icon=":one:")
8:         st.page_link("pages/multi_page2.py", label="マルチページ2",
icon=":two:")
```

図2.10: 「st.page_link」の「icon」パラメータには絵文字を指定

```
import streamlit as st


def multi_page():
    with st.sidebar:
        st.page_link("streamlit_app.py", label="ホーム", icon="🏠")
        st.page_link("pages/multi_page1.py", label="マルチページ1", icon="1️⃣")
        st.page_link("pages/multi_page2.py", label="マルチページ2", icon="2️⃣")
```

そして、「streamlit_app.py」や「pages」ディレクトリー内のファイルには以下のようにコードを
書きます。

リスト2.12: streamlit_app.py や./pages内のファイルで関数を呼び出してマルチページを実装

```
1: import streamlit as st
2: from functions.multi_pages import multi_page
3:
4: multi_page()
5:
6: # タイトルとテキストを追加
7: st.title('はじめてのStreamlit')
8: st.write('Streamlitでアプリを作成しよう。')
```

　アプリケーションを「streamlit run」で実行すると、(図2.11)のように日本語名がついたマルチ
ページへのリンク先がサイドバー上に表示されました。しかし、これだと元々の英語表記のマルチ
ページ名も表示されてしまっていて見づらいです。

第2章　基本的な機能　31

図 2.11: st.page_link を使用

2.3.3 config.toml に追記をする

それでは最後に「config.toml」に以下のような設定を加えて、英語表記のマルチページ名を除去しましょう。

リスト 2.13: config.toml でマルチページのリンク先を削除

```
1: [client]
2: showSidebarNavigation = false
```

これで、(図 2.12)のように、「st.page_link」で表示した日本語表記のマルチページのみ表示されました。

図 2.12:「st.page_link」で設定したマルチページのみ表示

2.4 Session State について

Streamlit は、セッション状態を管理するために Session State API という仕組みを提供していま

す。[4]通常、StreamlitはリクエストごとにPythonスクリプトを再実行するため、変数を保持することが難しいのですが、「session_state」を使用することで変数を辞書型のように保持することができます。第3章にてご紹介するウィジェット系関数と組み合わせると便利なので、ここで先に紹介します。

2.4.1 基本的な使い方

「streamlit_app.py」に「session_state」をテストする用のアプリケーションを作成してみます。

以下のアプリケーションはボタンをクリックすると、「count」変数に「1」が足される仕組みとなっております。(図2.13)

リスト2.14: session_state未使用

```
 1: import streamlit as st
 2:
 3: st.title('session_stateを使わない場合')
 4: count = 0
 5:
 6: test = st.button('test')
 7: if test:
 8:     count += 1
 9:
10: st.write('session_state未使用 → ', count)
```

4.https://docs.streamlit.io/develop/api-reference/caching-and-state/st.session_state

第2章 基本的な機能 | 33

図2.13: session_state 未使用(クリック前)

session_stateを使わない場合

test

session_state未使用 → 0

図2.14: session_state 未使用(クリック後)

session_stateを使わない場合

test

session_state未使用 → 1

こちらのアプリケーションのボタンをクリックしてみると、「0」に「1」が足されます。(図2.14)

しかし、何度ボタンをクリックしても「1」から「2」になることはありません。理由は、第1章の「Pythonスクリプト実行の仕組み」にて解説した通り、ボタンがクリックされる度にPythonスクリプトが最初から実行され、「count」変数が「0」に初期化された上で「1」が足されているためです。これを「session_state」を使用することで解決できます。「session_state」を使用する場合のPythonスクリプトは以下です。

リスト2.15: session_state を使用

```
 1: import streamlit as st
 2:
 3: st.title('session_stateを使う場合')
 4:
 5: # ボタンをクリックしていない状態のときは、session_stateのcountに0を設定
 6: if 'count' not in st.session_state:
 7:     st.session_state['count'] = 0
 8:
 9: test = st.button('test')
10:
11: # ボタンがクリックされた場合、session_stateのcountに1を追加
12: if test:
13:     st.session_state['count'] += 1
14:
15: st.write('session_state使用 → ', st.session_state['count'])
```

　これで同じセッション間で変数を保持することができるようになり、ボタンをクリックする度に数値が増えていくようになりました。(図2.15)ちなみに、ブラウザーをリロードすると、session_stateの変数はリセットされます。

第2章　基本的な機能　35

図 2.15: session_state 使用 (クリック後)

session_stateを使う場合

test

session_state使用 → 6

2.4.2　Session State とウィジェット系関数の関係

特定のウィジェット関数のオプションの「key」を設定すると、そのキーで自動的にSession Stateに追加されます。たとえば以下のように「text_input」の「key」にnameと設定しておくと、「text_input」にテキストが入力されたときに「session_state['name']」にテキストが代入されるイメージです。

リスト2.16: ウィジェットの入力値を session_state に格納

```
1: st.text_input("名前を入力してください", key="name")
2:
3: st.session_state['name']
```

2.4.3　コールバックの実行

コールバックとは、ウィジェット系関数で入力に変更があったときに呼び出されるPythonの関数のことです。

Session State を更新したときに、最初にコールバックに指定しているPythonの関数が実行され、次にアプリケーション全体が実行されるという順で処理が走ります。第3章にてウィジェット系の関数を紹介するときに説明しますが、コールバックはウィジェット系関数の「on_change」や「on_click」、「args」、「kwargs」などで指定できます。「on_change」や「on_click」がコールバックで使用される関数を指定するパラメータで、「args」や「kwargs」がコールバックで使用される関数に渡す引数

36　第2章　基本的な機能

を指定するパラメータです。

　こちらも簡単なアプリケーションを実装して動作を確認してみます。「text_input」にテキストを入力すると、「test_callback」関数がコールバックとして実行されるようにしてみましょう。

リスト2.17: コールバックを使用するPythonスクリプト

```
1: import streamlit as st
2:
3: st.title('コールバックの使用')
4:
5: def test_callback():
6:     st.write('コールバックが実行されました。入力されたテキストはこちら → ' +
st.session_state['text_input'])
7:
8: st.text_input('テキスト入力', key='text_input', on_change=test_callback)
```

　テキストボックスにテキストを入力していないと、以下の状態でアプリケーションが表示されています。(図2.16)

図2.16: テキストボックス入力前

コールバックの使用

テキスト入力

　テキストボックスにテキストを入力すると、以下のように表示されます。「on_change」に設定した「test_callback」関数がコールバックとして呼び出されていることがわかります。(図2.17)

第2章　基本的な機能　　37

図2.17: テキストボックス入力後

コールバックが実行されました。入力されたテキストはこちら→こんにちは

コールバックの使用

テキスト入力

こんにちは|

2.4.4 st.fragmentでアプリケーションの一部のみ更新する

「st.fragment」について簡単に解説します。先程述べた通り、Streamlitはアプリケーションの操作が実施される度に、Pythonスクリプトを全て再実行します。しかし、「st.fragment」を使うことで、アプリケーションの操作がされる度にPythonスクリプト全体を更新するのではなく、fragment内部のスクリプトだけを再実行するように実装することができます。また、「run_every」というパラメータを使用することで、fragment内のコードをどのくらいの間隔で実行し続けるかという設定をすることが可能です。こちらを設定しておくと、アプリケーション使用者が操作をしていなくても、設定した間隔でfragment内のPythonスクリプトをrerunし続けてくれます。

簡単なアプリケーションを作成して、挙動を確認してみます。「グラフを更新」ボタンを押すと、fragmentを使用している方のグラフだけが変更されるように実装します。「st.fragment」の引数に「@st.fragment(run_every=1)」と指定すれば、自動的に毎秒更新されるように実装することも可能です。(図2.18)

こちらのアプリケーションで使用しているその他の関数については、第3章にて詳細に解説します。

リスト2.18: st.fragmentを使用したアプリケーション

```
1: import streamlit as st
2: import pandas as pd
3: import numpy as np
4:
```

```python
 5: st.title("Fragmentの使用例")
 6:
 7: # Fragment内での処理を定義
 8: @st.fragment
 9: def fragment_graph():
10:     trigger = True
11:     # Fragmentを実行
12:     if trigger:
13:         data = pd.DataFrame({
14:             'x': range(10),
15:             'y': np.random.randn(10)
16:         })
17:         st.line_chart(data)
18:     trigger = st.button("グラフを更新する")
19:
20: # Fragmentを使用している場所としてふたつのカラムを作成
21: col1, col2 = st.columns(2)
22:
23: with col1:
24:     # Fragmentを使用している場所
25:     st.header("Fragment使用")
26:     fragment_graph()
27:
28: with col2:
29:     # Fragmentを使用していない場所
30:     st.header("Fragment未使用")
31:     data = pd.DataFrame({
32:         'x': range(10),
33:         'y': np.random.randn(10)
34:     })
35:     st.line_chart(data)
```

図2.18: fragmentを使用したアプリケーション

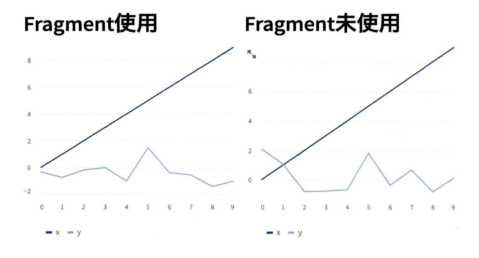

　「st.fragment」関数は、元々は「st.experimental_fragment」という名称でサポートされていました。Streamlitでは、安定性の低い機能には「st.experimental_」が先頭に付く命名規則があります。こちらは、Streamlitの開発者が機能の試行錯誤をしているものになります。安定性が確認されれば、「st.experimental_」が取り除かれ、メイン機能に追加するべきではないと判断されれば、関数自体が削除されるようになっています。

2.5　キャッシュについて

　Streamlitは、コードの変更やアプリケーション使用者がウィジェットの操作の際に、毎回Pythonスクリプトの最初から最後まで実行します。そのため、アプリケーションを簡単に作成できるというメリットの一方で、データの処理量が多くアプリケーションの動作が重くなってしまうなどのデ

メリットがあります。しかし、Streamlitにはキャッシュという機能[5]があり、このデメリットを軽減することができます。キャッシュは関数実行の結果を保持してくれるため、関数の実行回数を減らすことができます。その結果、アプリケーションの動きを早めることができます。

キャッシュの処理の流れを簡単に説明します。Streamlitでキャッシュ機能を使用するには、「st.cache_data」または「st.cache_resource」を使用します。これらを関数の上部に付与することで、関数が呼び出されるたびに、「st.cache_data」や「st.cache_resource」が関数の引数や関数の中身をチェックしてくれます。関数を初めて実行する場合は、その結果をキャッシュに保管したうえで関数を実行します。そして、それ以降同じ引数でコードの関数を実行する場合、アプリケーションは関数の実行をスキップしてキャッシュの値を使用します。

2.5.1 st.cache_data

CSVからのデータフレームの読み込みやNumpyの配列の変換など、シリアライズ可能なデータオブジェクトを返す関数をキャッシュすることが推奨されています。

たとえば、「st.cache_data」を設定しているデータフレームを返す関数があるとします。キャッシュの処理の流れは以下の通りです。最初にアプリケーションを実行するとき、アプリケーションは関数や引数が呼び出されたことがないものだと認識します。返り値であるデータフレームはpickleによってシリアライズ(バイト変換)され、キャッシュに保存されます。そして、次にアプリケーションを実行すると、アプリケーションはキャッシュを確認して、関数や引数が実行されたことがあるということを認識します。シリアライズ化して保存されたオブジェクトを取り出し、デシリアライズしてオブジェクトを元のデータフレームの形式に戻して返してくれます。

DBやDWHから新しい結果を得たい場合、ttl(time to live)を指定することが推奨されています。たとえば、「st.cache_data(ttl=3600)」と設定すると、アプリケーションは3600秒後にキャッシュを無効化し、アプリケーションを実行すると、再度関数を実行してくれます。ttlについての詳細は後述します。

2.5.2 st.cache_resource

特にMLモデルやDBの接続情報など、シリアライズ不可能なオブジェクトを返す関数をキャッシュすることが推奨されています。

「st.cache_resource」を使用しないと、アプリケーション使用者がアプリケーションを操作するたびに、アプリケーションはMLモデルのロードやDBとの接続を行うことになります。そうすると、大量のメモリーを消費したり、アプリケーションの動作が重くなるなどの問題が発生します。「st.cache_resource」にオブジェクトをキャッシュしておくことで、それらを軽減することができます。

処理の流れとしては、「st.cache_data」と似ていますが、ひとつ大きな違いがあります。「st.cache_data」は関数の戻り値のコピーを作成してキャッシュに保存するのに対し、「st.cache_resource」はオブジェクトそのもの、つまりDBの接続情報をそのままキャッシュに保存

5.https://docs.streamlit.io/develop/concepts/architecture/caching

します。そのため、関数の返り値に変更があった場合、キャッシュに直接影響があります。つまり、複数の人が同じデータに同時にアクセスする場合、並行処理を行っても安全な状況にしておく必要があります。これをスレッドセーフといいます。複数のアプリケーション使用者が同時に同じデータを読み書きすると、データが予期せずに上書きされたりしてしまう可能性があります。もしスレッドセーフな状況にすることが難しいが、「st.cache_resource」を使用したいといったときは、「st.session_state」でセッションごとにリソースを保存できないか検討する必要があるようですが、基本「st.cache_data」を使用するのは、DBなどの認証情報やMLモデルをキャッシュしたいときと覚えておくのがよさそうです。

公式ドキュメント[6]にて推奨されているユースケースや戻り値の表が掲載されているのですが、ほとんどの場合が「st.cache_data」を使用することが推奨されていることがわかります。「Opening persistent file handles」と「Opening persistent threads」について用途がわかりづらいですが、「リソースの読み込みや処理を1度だけ行い、それ以降は同じリソースが必要な場合にキャッシュされたデータを再利用する」といった使い方をしたいときに、「st.cache_resource」が推奨されているのだろうと理解しました。ファイルを読み込んでその内容を処理し、その後も同じファイルからデータを読み取る必要がある場合に、ファイルを閉じずに保持しておくといったイメージです。

2.5.3　キャッシュのサイズや持続時間を設定する

アプリケーションが長い時間稼働し、関数を継続的にキャッシュしていると、アプリケーションのメモリーが不足したり、キャッシュ内に保存したデータベースのデータが古くなるなどの問題が発生することがあります。それらの問題を解消するために、「ttl」や「max_entires」パラメータを使用することが推奨されています。

2.5.3.1　「ttl」パラメータ

ttlはtime to liveのことで、キャッシュを破棄するまでの時間を設定することができます。ttlに設定した秒数をすぎると、「st.cache_data」や「st.cache_resource」はキャッシュ内に保存していたオブジェクトを破棄します。そして、新しく関数を実行した結果をキャッシュに保管し直します。DBやDWHからデータを抽出する関数の場合、こちらを設定することで最新のデータを抽出できるようにすることができます。

2.5.3.2　「max_entries」パラメータ

キャッシュに保存できるオブジェクトの最大数を設定できます。こちらを設定することで、メモリー不足になることを防ぐことができます。設定したキャッシュの最大数を超えると、古いオブジェクトから破棄されます。

2.5.4　キャッシュ時に引数はハッシュ化されている

キャッシュされる関数の全ての引数は、ハッシュ化が可能でなければいけません。関数が呼び出

6.docs.streamlit.io/develop/concepts/architecture/caching#deciding-which-caching-decorator-to-use

されるときに、それがキャッシュされているものなのかどうか判断するために、Streamlit はその引数の値を確認します。そのため、関数が呼び出されるたびに、それらの引数の値を比較する際に信頼性の高い方法が必要になります。そこで、ハッシュ化を使用して実現します。引数をハッシュ化してそちらを保存しておき、次に関数が呼び出されたときにその関数に渡されている引数をハッシュ化して、保存しておいたハッシュキーと比較をするといった流れです。しかし、データベース接続などのハッシュ化不可能な引数も存在します。その場合は、引数の先頭にアンダースコアを付けることで、その引数はキャッシュに使われなくなります。アンダースコアが先頭についている引数以外の引数が一致していれば、Streamlit はキャッシュされた値を返してくれます。

以下の例だと、「_db_connection」という引数だけ、キャッシュする際の判断材料から除外されるイメージです。

リスト2.19: 引数をキャッシュの対象外にする

```
1: @st.cache_data
2: def fetch_data(_db_connection, num_rows):
3:     data = _db_connection.fetch(num_rows)
4:     return data
5:
6: connection = init_connection()
7: fetch_data(connection, 10)
```

しかし、ハッシュ不可能な引数をキャッシュしたいといった場合も存在するかと思います。その場合は、「hash_funcs」というものを使用することが推奨されています。ハッシュ化不可能な引数をキャッシュする際に除外できていないと、「UnhashableParamError」というエラーが発生します。

公式ドキュメントのコード[7]を引用します。以下のように自作のクラスをキャッシュしたいとします。このクラスをキャッシュ関数に渡すと「UnhashableParamError」が返ってきます。

リスト2.20: UnhashableParamError を返すコード

```
 1: import streamlit as st
 2:
 3: class MyCustomClass:
 4:     def __init__(self, initial_score: int):
 5:         self.my_score = initial_score
 6:
 7: @st.cache_data
 8: def multiply_score(obj: MyCustomClass, multiplier: int) -> int:
 9:     return obj.my_score * multiplier
10:
11: initial_score = st.number_input("Enter initial score", value=15)
12:
```

7.https://docs.streamlit.io/develop/concepts/architecture/caching#the-hash_funcs-parameter

第2章 基本的な機能 | 43

```
13: score = MyCustomClass(initial_score)
14: multiplier = 2
15:
16: st.write(multiply_score(score, multiplier))
```

以下の通り、エラーが発生します。

リスト2.21: UnhashableParamError

```
UnhashableParamError: Cannot hash argument 'obj' (of type __main__.MyCustomClass)
in 'multiply_score'.
```

Streamlit はカスタムクラスをハッシュ化する方法を知らないため、このようなエラーが発生します。これを修正するためには、「hash_funcs」パラメータを使用して、Streamlit に MyCustomClass をどのようにハッシュ化するかを教えるイメージです。これにより、MyCustomClass のインスタンス全体をハッシュ化できるようになります。

リスト2.22: ハッシュ化する方法を教えて UnhashableParamError を解消

```
 1: import streamlit as st
 2:
 3: class MyCustomClass:
 4:     def __init__(self, initial_score: int):
 5:         self.my_score = initial_score
 6:
 7: def hash_func(obj: MyCustomClass) -> int:
 8:     return obj.my_score  # or any other value that uniquely identifies the
object
 9:
10: @st.cache_data(hash_funcs={MyCustomClass: hash_func})
11: def multiply_score(obj: MyCustomClass, multiplier: int) -> int:
12:     return obj.my_score * multiplier
13:
14: initial_score = st.number_input("Enter initial score", value=15)
15:
16: score = MyCustomClass(initial_score)
17: multiplier = 2
18:
19: st.write(multiply_score(score, multiplier))
```

「hash_func」関数で MyCustomClass のインスタンスを受け取り、その my_score 属性を使ってハッシュ値を計算します。この関数は、MyCustomClass のインスタンスを受け取って整数のハッシュ値

を返すように定義されています。これでエラーを解決できます。他にもPythonの「id()」関数を使用したり、「lambda」を使用してハッシュ値を計算する方法があるようです。

　本章では、Streamlitの基本的な使い方や設定方法について紹介しました。これらの基本的な知識を先に習得することで、Streamlitを使ったアプリケーション開発がより効率的に行えるようになります。特にStreamlitがPythonスクリプトを再実行するという特徴や、session_stateで変数を保持する方法を学ぶことは、Streamlitでアプリケーション開発を行う上で非常に重要な知識です。次の章では、Streamlitに用意されている便利な関数や設定可能なパラメータなどを学び、実際に簡単なアプリケーションを動かしてみましょう。

第3章 用意されている便利な関数

便利な関数が多く用意されており、そちらを活用することで非常に手軽に高度なアプリケーションを構築できるのがStreamlitの大きな魅力です。[1]本章では、基本的な関数をいくつか紹介します。テキストやデータフレーム、グラフを表示するものや、アプリケーション使用者に対してインタラクティブな操作を可能にするものなど、様々な便利な関数を取り上げます。

3.1 テキストの表示

タイトルやテキストを表示することは、アプリケーション使用者に情報をわかりやすく伝えるために重要です。本節では、タイトルやテキストの表示するための関数を紹介します。実際に関数を使用して作った簡単なアプリケーションのサンプルコードと画像も紹介しますので、参考にしていただけると幸いです。

3.1.1 st.title

アプリケーションのタイトルを表示します。アプリケーション上にアプリケーションの概要や目的を表示するときなどに役立ちます。(図3.1)

リスト3.1: st.titleのフォーマット

```
st.title(body, anchor=None, *, help=None)
```

3.1.1.1 body(str)

アプリケーション上に表示するタイトルをテキストで指定します。GitHub Flavored Markdown[2]形式のMarkdown記法をサポートしています。また、「:coffee:」などの絵文字のショートコードを記述することでアプリケーション上に絵文字[3]を出力したり、「:color[テキスト]」を渡すことでテキストに色を付けたりすることも可能です。colorには「blue」、「green」、「orange」、「red」、「violet」、「gray/grey」、「rainbow」が指定できます。「$」や「$$」で囲むことで、LaTex関数[4]を使用できます。

3.1.1.2 anchor(str of False)

アンカー名を指定することができます。指定しなかった場合は、bodyに指定してあるテキストが

1.https://docs.streamlit.io/develop/api-reference
2.https://github.github.com/gfm/
3.https://streamlit-emoji-shortcodes-streamlit-app-gwckff.streamlit.app/
4.https://katex.org/docs/supported.html

アンカー名となります。Falseの場合は、アンカーはUIに表示されません。

3.1.1.3 help(str)

テキストを指定すると、横にhelpとして表示することができます。

リスト3.2: st.titleを使用したアプリケーション

```
1: import streamlit as st
2:
3: # タイトルを追加
4: st.title('st.titleで表示したタイトル')
5: st.title('_st.title_ で表示した:red[タイトル]')
```

図3.1: st.titleを使用したアプリケーション

st.titleで表示したタイトル

st.title で表示したタイトル

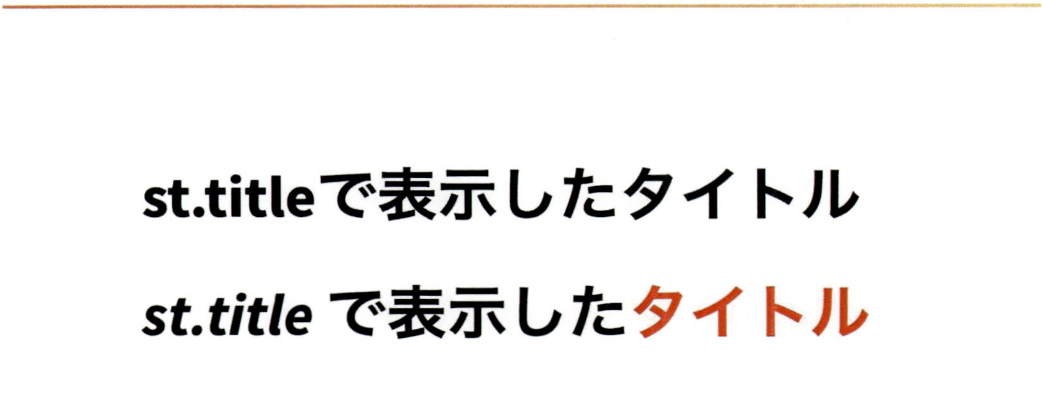

3.1.2 st.header

アプリケーションのヘッダーを表示します。アプリケーション上にセクションの区切りや重要な部分を強調することができます。(図3.2)

リスト3.3: st.headerのフォーマット

```
st.header(body, anchor=None, *, help=None, divider=False)
```

3.1.2.1 body(str)

アプリケーション上に表示するヘッダーをテキストで指定します。GitHub Flavored Markdown形式のMarkdown記法をサポートしています。また、「:coffee:」などの絵文字のショートコードを記述することでアプリケーション上に絵文字を出力したり、「:color[テキスト]」を渡すことでテキス

第3章　用意されている便利な関数　47

トに色を付けたりすることも可能です。colorには「blue」、「green」、「orange」、「red」、「violet」、「gray/grey」、「rainbow」が指定できます。「$」や「$$」で囲むことで、LaTex関数を使用できます。

3.1.2.2　anchor(str of False)

アンカー名を指定することができます。指定しなかった場合は、bodyに指定してあるテキストがアンカー名となります。Falseの場合は、アンカーはUIに表示されません。

3.1.2.3　help(str)

テキストを指定すると、横にhelpとして表示することができます。

3.1.2.4　divider(bool or color_name)

ヘッダーの下に区切り線を表示します。こちらのオプションには、boolまたは、色の名前を指定することができます。boolをTrueに設定すると、色を自動的に変えて区切り線を表示してくれます。また、color_nameに「blue」、「green」、「orange」、「red」、「violet」、「gray/grey」、「rainbow」などを指定できます。

リスト3.4: st.headerを使用したアプリケーション

```
1: import streamlit as st
2:
3: # タイトルを追加
4: st.title('st.titleで表示したタイトル')
5: # ヘッダーを追加
6: st.header('st.headerで表示したヘッダー1')
7: st.header('st.headerで表示したヘッダー2', divider=True)
8: st.header('st.headerで表示したヘッダー3', divider=True)
9: st.header('st.headerで表示したヘッダー4', divider="rainbow")
```

図 3.2: st.header を使用したアプリケーション

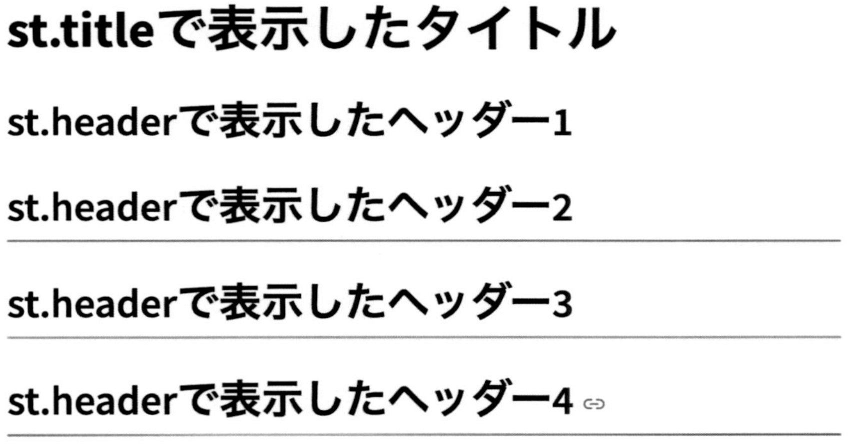

st.titleで表示したタイトル

st.headerで表示したヘッダー1

st.headerで表示したヘッダー2

st.headerで表示したヘッダー3

st.headerで表示したヘッダー4 🔗

3.1.3　st.subheader

　アプリケーションのサブヘッダーを表示します。アプリケーション上に、セクションの区切りや重要な部分を強調することができます。(図3.3)

リスト 3.5: st.subheader のフォーマット

```
st.subheader(body, anchor=None, *, help=None, divider=False)
```

3.1.3.1　body(str)

　アプリケーション上に表示するサブヘッダーをテキストで指定します。GitHub Flavored Markdown 形式の Markdown 記法をサポートしています。また、「:coffee:」などの絵文字のショートコードを記述することでアプリケーション上に絵文字を出力したり、「:color[テキスト]」を渡すことでテキストに色を付けたりすることも可能です。color には「blue」、「green」、「orange」、「red」、「violet」、「gray/grey」、「rainbow」が指定できます。「$」や「$$」で囲むことで、LaTex 関数を使用できます。

3.1.3.2　anchor(str of False)

　アンカー名を指定することができます。指定しなかった場合は、body に指定してあるテキストがアンカー名となります。False の場合は、アンカーは UI に表示されません。

第3章　用意されている便利な関数　49

3.1.3.3　help(str)

テキストを指定すると、横にhelpとして表示することができます。

3.1.3.4　divider(bool or color_name)

ヘッダーの下に区切り線を表示します。こちらのオプションには、boolまたは、色の名前を指定することができます。boolをTrueに設定すると、色を自動的に変えて区切り線を表示してくれます。また、color_nameに「blue」、「green」、「orange」、「red」、「violet」、「gray/grey」、「rainbow」などを指定できます。

リスト3.6: st.subheaderを使用したアプリケーション

```
1: import streamlit as st
2:
3: # タイトルを追加
4: st.title('st.titleで表示したタイトル')
5: # ヘッダーを追加
6: st.header('st.headerで表示したヘッダー')
7: # サブヘッダーを追加
8: st.subheader('st.subheaderで表示したサブヘッダー')
```

図3.3: st.subheaderを使用したアプリケーション

st.titleで表示したタイトル

st.headerで表示したヘッダー

st.subheaderで表示したサブヘッダー

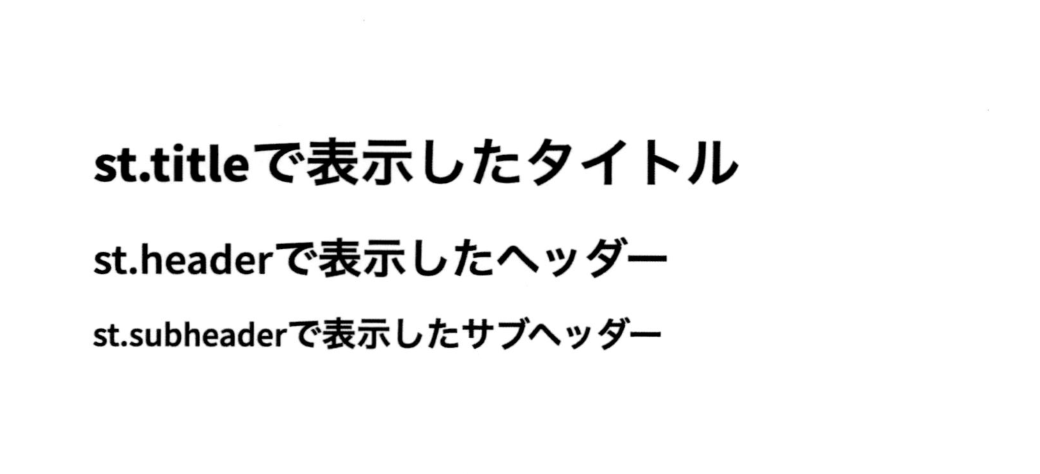

3.1.4　st.markdown

Markdown形式でテキストを表示します。Streamlitにはテキスト表示系の関数が多く用意されていますが、こちらの関数で多くの範囲をカバーできるため、非常に便利です。(図3.4)

リスト3.7: st.markdownのフォーマット

```
st.markdown(body, unsafe_allow_html=False, *, help=None)
```

3.1.4.1　body(str)

アプリケーション上に表示するタイトルやヘッダーやテキストを、Markdown形式で指定します。GitHub Flavored Markdown形式のMarkdown記法をサポートしています。また、「:coffee:」などの絵文字のショートコードを記述することでアプリケーション上に絵文字を出力したり、「:color[テキスト]」を渡すことでテキストに色を付けたりすることも可能です。colorには「blue」、「green」、「orange」、「red」、「violet」、「gray/grey」、「rainbow」が指定できます。「$」や「$$」で囲むことで、LaTex関数を使用できます。

3.1.4.2　unsafe_allow_html(bool)

HTMLを直接表示するかどうかを制御するためのパラメータです。TrueにしてbodyにHTMLやCSSを渡すことで、HTML・CSSの内容が反映されます。

3.1.4.3　help(str)

テキストを指定すると、横にhelpとして表示することができます。

リスト3.8: st.markdownを使用したアプリケーション

```
 1: import streamlit as st
 2:
 3: # タイトルを追加
 4: st.markdown('# st.markdownで表示したタイトル')
 5: st.markdown('---')
 6: # ヘッダーを追加
 7: st.markdown('## st.markdownで表示したヘッダー')
 8: # 箇条書きを追加
 9: st.markdown('- ひとつ目')
10: st.markdown('- ふたつ目')
11: st.markdown('- 3つ目')
12: # サブヘッダーを追加
13: st.markdown('### st.markdownで表示したサブヘッダー')
14: st.markdown('普通のテキスト:smile:')
```

第3章　用意されている便利な関数　　51

図 3.4: st.markdown を使用したアプリケーション

st.markdownで表示したタイトル

st.markdownで表示したヘッダー

- 1つ目

- 2つ目

- 3つ目

st.markdownで表示したサブヘッダー

普通のテキスト😀

3.1.5 st.write

テキストやグラフ、画像など、さまざまな種類のオブジェクトを表示します。この関数は、テキストに限らず、グラフや画像など様々なオブジェクトを出力することができます。また、オブジェクトを複数同時に渡しても、全て出力してくれます。

(図 3.5)

リスト 3.9: st.write のフォーマット

```
st.write(*args, unsafe_allow_html=False)
```

3.1.5.1 *args

テキストに限らず、グラフやデータフレーム、画像などあらゆるオブジェクトを渡せます。基本的に全てのオブジェクトを出力できます。

3.1.5.2 unsafe_allow_html(bool)

HTMLを直接表示するかどうかを制御するためのパラメータです。True にして body に HTML や CSS を渡すことで、HTML・CSS の内容が反映されます。

リスト3.10: st.write を使用したアプリケーション

```
 1: import streamlit as st
 2: import pandas as pd
 3: import altair as alt
 4: import numpy as np
 5:
 6: title = "# st.writeで表示したタイトル"
 7: comment = "st.writeには複数の引数を渡すことができます。"
 8:
 9: df = pd.DataFrame(
10:     np.random.randn(5, 3),
11:     columns=['a', 'b', 'c'])
12:
13: chart = alt.Chart(df).mark_circle().encode(
14:     x='a', y='b', size='c', color='c', tooltip=['a', 'b', 'c'])
15:
16: st.write(title)
17: st.write(comment, df, chart)
```

図3.5: st.write を使用したアプリケーション

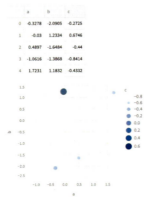

3.1.6　st.caption

小さなフォントでテキストを表示します。キャプションや脚注など、説明文を書き加えたいときなどに使用します。(図3.6)

リスト3.11: st.captionのフォーマット

```
st.caption(body, unsafe_allow_html=False, *, help=None)
```

3.1.6.1 body(str)

　アプリケーション上に表示するキャプションをテキストで指定します。GitHub Flavored Markdown形式のMarkdown記法をサポートしています。また、「:coffee:」などの絵文字のショートコードを記述することでアプリケーション上に絵文字を出力したり、「:color[テキスト]」を渡すことでテキストに色を付けたりすることも可能です。colorには「blue」、「green」、「orange」、「red」、「violet」、「gray/grey」、「rainbow」が指定できます。「$」や「$$」で囲むことでLaTex関数を使用できます。

3.1.6.2 unsafe_allow_html(bool)

　HTMLを直接表示するかどうかを制御するためのパラメータです。TrueにしてbodyにHTMLやCSSを渡すことで、HTML・CSSの内容が反映されます。

3.1.6.3 help(str)

　テキストを指定すると、横にhelpとして表示することができます。

リスト3.12: st.captionを使用したアプリケーション

```
1: import streamlit as st
2:
3: st.title('st.caption')
4: st.write('st.writeで表示したテキスト')
5: st.caption('st.captionで表示したキャプション')
```

図3.6: st.captionを使用したアプリケーション

st.caption

st.writeで表示したテキスト

st.captionで表示したキャプション

3.1.7 st.code

ソースコードをコードブロックで表示します。コードブロック上のコピーボタンを押すことで、クリップボードにスクリプトをコピーすることも可能です。(図3.7)

リスト3.13: st.code のフォーマット

```
st.code(body, language="python", line_numbers=False)
```

3.1.7.1 body(str)
表示するスクリプトを指定します。

3.1.7.2 language(str or None)
bodyに渡しているスクリプトの言語を指定します。指定できる言語は、こちら[5]から選択することができます。

3.1.7.3 line_numbers(bool)
コードブロックの左側の行番号の表示の有無を指定します。

リスト3.14: st.code を使用したアプリケーション

```
1: import streamlit as st
2:
3: st.title("st.code")
4: # Pythonスクリプトを表示
5: st.code("print('Hello, Streamlit!')", language='python')
6: # JavaScriptスクリプトを表示
7: st.code("console.log('Hello, Streamlit!')", language='javascript',
line_numbers=True)
```

5.https://github.com/react-syntax-highlighter/react-syntax-highlighter/blob/master/AVAILABLE_LANGUAGES_PRISM.MD

第3章　用意されている便利な関数　│　55

図 3.7: st.code を使用したアプリケーション

st.code

```
print('Hello, Streamlit!')
```

```
1  console.log('Hello, Streamlit!')
```

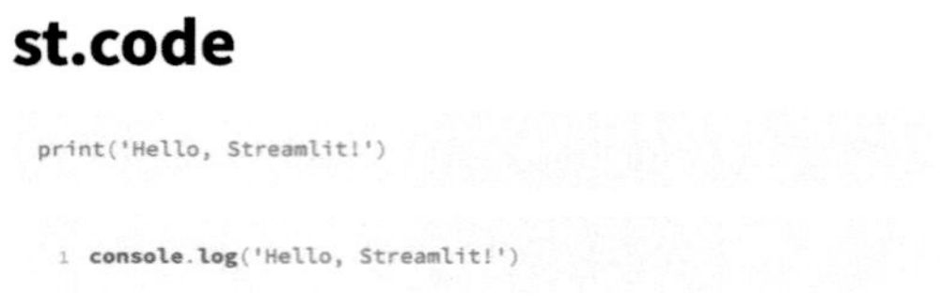

3.1.8 st.echo

コードとコードの出力結果を同時に表示します。この関数を使用することで、コードの説明やデモンストレーションを行う際に非常に役立ちます。with ブロックの中にネストしたコードがコードブロックとして出力されるとともに、スクリプトの実行結果も出力されます。(図 3.8)

リスト 3.15: st.echo のフォーマット

```
st.echo(code_location="above")
```

3.1.8.1 code_location("above" or "below")

エコーされたコードを実行されたコード・ブロックの結果の前後、どちらに表示するか指定します。

リスト 3.16: st.echo を使用したアプリケーション

```
 1: import streamlit as st
 2: import numpy as np
 3: import pandas as pd
 4:
 5: st.title("st.echo")
 6: # データの生成
 7: with st.echo():
 8:     # ランダムデータの生成
 9:     np.random.seed(0)
10:     data = np.random.randn(100, 3)
11:     df = pd.DataFrame(data, columns=['A', 'B', 'C'])
12:     st.write("生成されたデータの最初の5行を表示します:")
13:     st.write(df.head())
```

56 　 第 3 章　用意されている便利な関数

図 3.8: st.echo を使用したアプリケーション

st.echo

```
np.random.seed(0)
data = np.random.randn(100, 3)
df = pd.DataFrame(data, columns=['A', 'B', 'C'])
st.write("生成されたデータの最初の5行を表示します:")
st.write(df.head())
```

生成されたデータの最初の5行を表示します:

	A	B	C
0	1.7641	0.4002	0.9787
1	2.2409	1.8676	-0.9773
2	0.9501	-0.1514	-0.1032
3	0.4106	0.144	1.4543
4	0.761	0.1217	0.4439

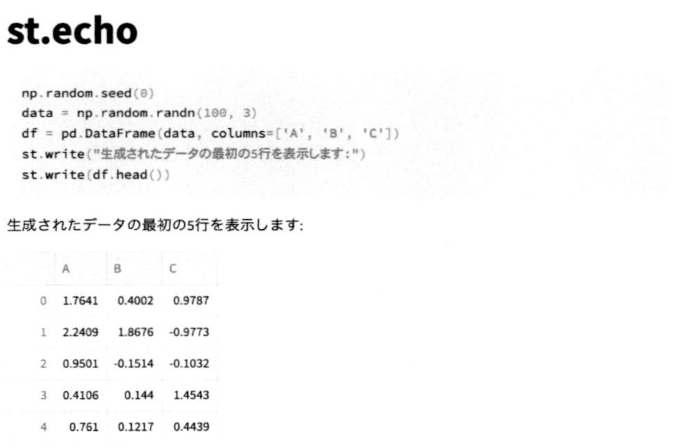

3.1.9 st.latex

LaTeX 形式で数式を表示します。LaTex を使用することで、複雑な数式を美しく表示することができます。(図 3.9)

リスト 3.17: st.latex のフォーマット

```
st.latex(body, *, help=None)
```

3.1.9.1 body(str or SymPy expression)

LaTeX 数式を文字列として渡します。SymPy という Python ライブラリーを使った形式で渡すことも可能です。

3.1.9.2 help(str)

テキストを指定すると、横に help として表示することができます。

リスト 3.18: st.latex を使用したアプリケーション

```
1: import streamlit as st
2:
3: st.title("st.latex")
4:
5: st.header("微分積分")
6: st.latex(r'''
```

第3章 用意されている便利な関数 57

```
 7: \int_a^b f(x) \, dx
 8: ''')
 9:
10: st.header("行列")
11: st.latex(r'''
12: \begin{pmatrix}
13: a & b \\
14: c & d
15: \end{pmatrix}
16: ''')
```

図3.9: st.latex を使用したアプリケーション

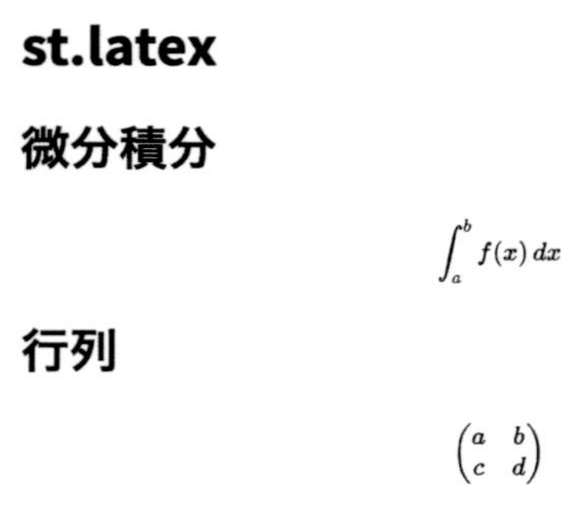

st.latex

微分積分

$$\int_a^b f(x)\,dx$$

行列

$$\begin{pmatrix} a & b \\ c & d \end{pmatrix}$$

3.1.10　st.text

　アプリケーションで指定したテキストを表示します。表示したいテキストを文字列を引数に渡す
だけで使用できます。(図3.10)

58　　第3章　用意されている便利な関数

リスト3.19: st.textのフォーマット

```
st.text(body, *, help=None)
```

3.1.10.1 body(str)

表示したいテキストを指定します。

3.1.10.2 help(str)

テキストを指定すると、横にhelpとして表示することができます。

リスト3.20: st.textを使用したアプリケーション

```
1: import streamlit as st
2:
3: st.title("st.titleで表示したタイトル。")
4: st.text("st.textで表示したテキスト。")
```

図3.10: st.textを使用したアプリケーション

st.titleで表示したタイトル。

st.textで表示したテキスト。

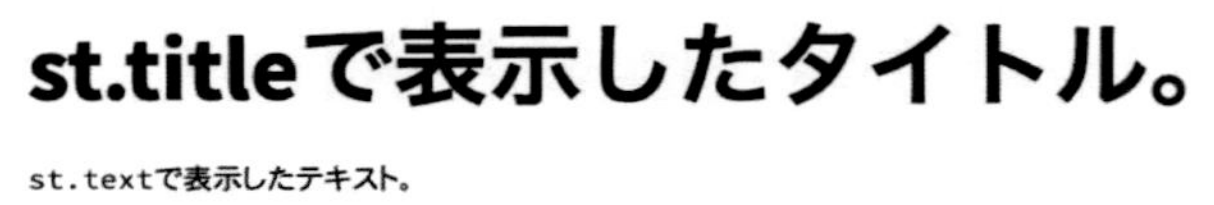

3.1.11 st.divider

アプリケーション内でセクションを区切るための水平線を表示します。この関数を使用することで、ページの内容を視覚的に分け、読みやすくすることができます。(図3.11)

リスト3.21: st.dividerのフォーマット

```
st.divider()
```

リスト3.22: st.divider を使用したアプリケーション

```
1: import streamlit as st
2:
3: st.title("st.titleで表示したタイトル。")
4: st.header("st.headerで表示したヘッダー。")
5: st.divider()
6: st.header("st.headerで表示したヘッダー。", divider=True)
```

図3.11: st.divider を使用したアプリケーション

st.titleで表示したタイトル。

st.headerで表示したヘッダー。

st.headerで表示したヘッダー。

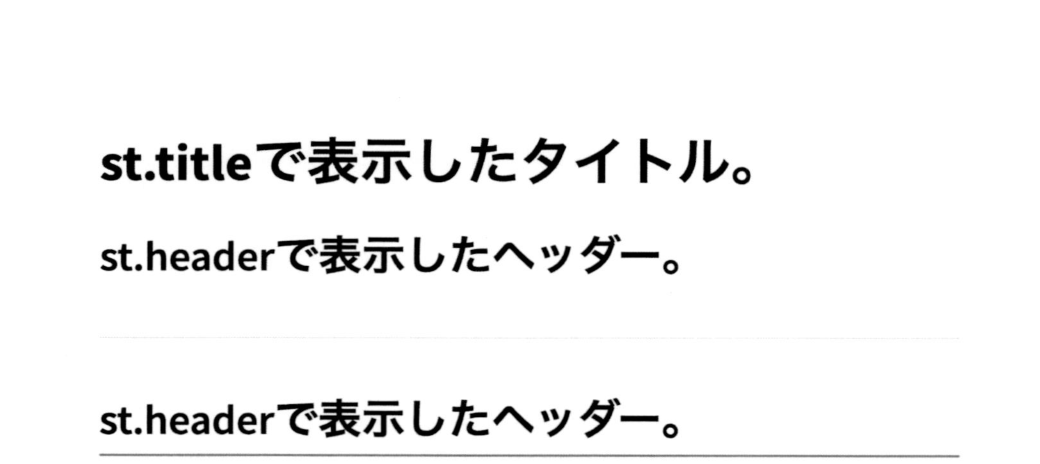

3.2　レイアウトの変更

　アプリケーション使用者がアプリケーションを使いやすく、情報を効果的に伝えられるようにするために、適切なレイアウトを設計する必要があります。以下の関数を使用することで、Streamlitアプリケーションのレイアウトを自由に変更できます。これにより、見栄えや使いやすさを向上させ、ユーザーエクスペリエンスを向上させることができます。

3.2.1　st.columns

　複数のカラムを持つレイアウトを作成します。この関数を使用すると、ひとつのウィンドウ内に複数のカラムを配置して、それぞれに異なるコンポーネントやデータを表示することができます。サイドバーには、st.columnsを使用することはできません。(図3.12)

リスト3.23: st.columnsのフォーマット

```
st.columns(spec, *, gap="small", vertical_alignment="top")
```

3.2.1.1 spec(int or Iterable of numbers)

挿入するカラムの幅を指定します。たとえば、[0.7, 0.3]を渡すと、ふたつのカラムを作成して70%の幅のカラムと30%の幅のカラムを作成します。[1, 2, 3]を渡すと3つのカラムを作成し、ふたつ目のカラムの幅はひとつ目のカラムの2倍、3つ目のカラムの幅はその3倍になります。

3.2.1.2 gap("small", "medium", or "large")

カラム間の幅を指定します。「small」、「medium」、「large」を指定できます。

3.2.1.3 vertical_alignment("top", "center" or "bottom")

垂直方向の整列の方法を指定します。「top」はコンテンツをカラムの上部、「center」は中央、「bottom」は下部に揃えます。デフォルトは「top」です。

リスト3.24: st.columnsを使用したアプリケーション

```
 1: import streamlit as st
 2:
 3: st.title("st.columns")
 4:
 5: col1, col2, col3 = st.columns(3)
 6:
 7: with col1:
 8:     st.header("カラム1")
 9:     st.image("./static/images/polar_bear.jpg")
10:
11: with col2:
12:     st.header("カラム2")
13:     st.image("./static/images/polar_bear.jpg")
14:
15: with col3:
16:     st.header("カラム3")
17:     st.image("./static/images/polar_bear.jpg")
```

図 3.12: st.columns を使用したアプリケーション

3.2.2 st.container

コンテナを作成します。アプリケーションのセクションを作成するのに便利な関数で、ネスト構造のような複雑なレイアウトを作成することができます。(図 3.13)

リスト 3.25: st.container のフォーマット
```
st.container(*, height=None, border=None)
```

3.2.2.1 height(int or None)
コンテナの高さを指定します。

3.2.2.2 border(bool or None)
コンテナの周りにボーダーを表示するかどうか指定します。

リスト 3.26: st.container を使用したアプリケーション
```
1: import streamlit as st
2:
3: st.title("st.container")
4:
5: col1, col2, col3 = st.columns(3)
6:
7: with col1:
8:     st.header("col1")
```

```
 9:
10:     with st.container(border=True):
11:         sub_col1_1, sub_col1_2 = st.columns(2)
12:         with sub_col1_1:
13:             st.write("container")
14:             st.image("./static/images/polar_bear.jpg")
15:         with sub_col1_2:
16:             st.write("container")
17:             st.image("./static/images/polar_bear.jpg")
18:
19: with col2:
20:     st.header("col2")
21:     sub_col1_1, sub_col1_2 = st.columns(2)
22:     with sub_col1_1:
23:         st.write("container")
24:         st.image("./static/images/polar_bear.jpg")
25:     with sub_col1_2:
26:         st.write("container")
27:         st.image("./static/images/polar_bear.jpg")
28:
29: with col3:
30:     st.header("col3")
31:     st.image("./static/images/polar_bear.jpg")
32:
33: with st.container(border=True):
34:     st.write("上記のco1、col2の画像は、st.containerの中に配置されたものです。")
```

図 3.13: st.container を使用したアプリケーション

3.2.3　st.dialog

　ダイアログやモーダルウィンドウを表示する機能を実装します。これらを表示することで、アプリケーション使用者の入力を促したり、警告を出すのに便利です。

リスト 3.27: st.dialog
```
st.dialog(title, *, width="small")
```

3.2.3.1　title(str)
　モーダルダイアログの上部にタイトルを設定します。

3.2.3.2　width("small" or "large")
　モーダルダイアログの幅を指定します。デフォルトは small です。

　関数に「@st.dialog」を付けると、その関数がダイアログ関数になります。ダイアログ関数を呼び出すと、モーダルダイアログがアプリケーション上に表示されます。(図 3.14, 図 3.15, 図 3.16, 図 3.17)
　ダイアログの「X」やキーボードの「Esc」を押下すると、ダイアログを閉じることができます。ダイアログで表示した入力フォームを入力したらダイアログを閉じるといった動きを実装したい場合は、ダイアログを指定している関数の最後に「st.rerun」を呼び出します。ダイアログ内のウィジェットが操作された場合は、「st.fragment」と同様にダイアログ関数を指定している関数内のみ

が実行されます。

リスト3.28: st.dialog を使用したアプリケーション

```
 1: import streamlit as st
 2:
 3: @st.dialog("しろくまです")
 4: def polar_bear():
 5:     st.image("./static/images/polar_bear.jpg")
 6:
 7: @st.dialog("コメントを入力してください", width="large")
 8: def comment():
 9:     st.text_input("コメントを入力してください", key="comment")
10:     if st.button("送信"):
11:         st.rerun()
12:
13: if "comment" not in st.session_state:
14:     st.title("st.dialog")
15:     if st.button("画像をダイアログで表示"):
16:         polar_bear()
17:     if st.button("ダイアログでコメントを入力して画面に表示"):
18:         comment()
19: else:
20:     f"入力したコメント: {st.session_state['comment']}"
```

図3.14: st.dialog を使用したアプリケーション

st.dialog

画像をダイアログで表示

ダイアログでコメントを入力して画面に表示

第3章　用意されている便利な関数　65

図3.15: 「画像をダイアログで表示」をクリック

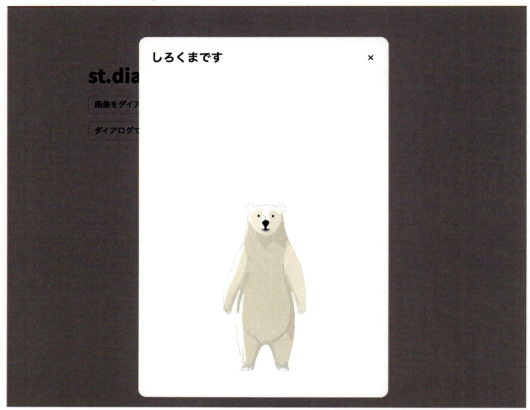

図3.16: 「ダイアログでコメントを入力して画面に表示」をクリック

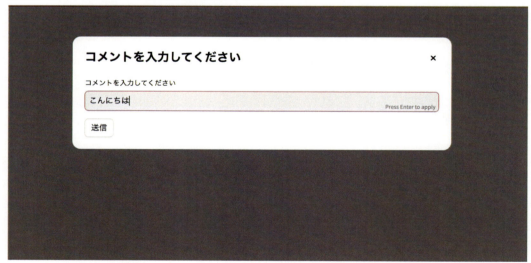

66 第3章 用意されている便利な関数

図3.17: ダイアログでコメントを入力後

入力したコメント: こんにちは

3.2.4　st.sidebar

　画面左側にサイドバーを作成します。マルチページをサイドバーに表示させるなどすることで、全体のレイアウトを整えるのに有用です。以下の2パターンの表記法がありますが、「st.echo」、「st.spinner」、「st.toast」などの一部の関数はObject表記法をサポートしていないため、これらの関数を使用する場合はwith表記法を使用するようにしましょう。(図3.18)

リスト3.29: st.sidebarのフォーマット

```
1: # Object 表記法
2: st.sidebar.[element_name]
3:
4: # with 表記法
5: with st.sidebar:
6:     st.[element_name]
```

リスト3.30: st.sidebarを使用したアプリケーション

```
 1: import streamlit as st
 2:
 3: st.title("st.sidebar")
 4:
 5: # サイドバーにセレクトボックスを追加
 6: add_selectbox = st.sidebar.selectbox(
 7:     "セレクトボックス",
 8:     ("選択肢1", "選択肢2", "選択肢3")
 9: )
10:
```

第3章　用意されている便利な関数　　67

```
11: # サイドバーにラジオボタンを追加
12: with st.sidebar:
13:     add_radio = st.radio(
14:         "ラジオボタン",
15:         ("選択肢1", "選択肢2", "選択肢3")
16:     )
```

図 3.18: st.sidebar を使用したアプリケーション

3.2.5　st.empty

一時的な空のコンテナを作成します。この関数を使用することで、後からコンテンツを動的に追加または更新できる領域を事前に確保することができます。空のコンテナは、インタラクティブなアプリケーションで特に有用で、アプリケーション使用者の操作やデータの変化に応じて表示内容を変えることができます。初期状態では空のコンテナを作成し、空のコンテナに対して動的にコンテンツを挿入・更新することができます。(図 3.19, 図 3.20)

リスト 3.31: st.empty のフォーマット
```
st.empty()
```

リスト 3.32: st.empty を使用したアプリケーション
```
 1: import streamlit as st
 2: 
 3: # プレースホルダーを作成
 4: st_empty = st.empty()
 5: 
 6: # 初期状態の入力フィールド
 7: input_value = st_empty.text_input("名前を入力してください:")
 8: 
 9: # ボタンがクリックされたらプレースホルダーの内容を更新
10: if st.button("送信"):
11:     st_empty.text(f"こんにちは、{input_value}さん！")
```

初期状態では、名前入力フォームが表示されています。(図 3.19)この名前入力フォームには、「st.empty」が設定されており、送信ボタンを押すことでテキストを表示するオブジェクトと入れ替わります。(図 3.20)

図 3.19: st.empty を使用したアプリケーション (操作前)

図 3.20: st.empty を使用したアプリケーション (操作後)

3.2.6　st.expander

アプリケーション内でエキスパンダーを作成します。このエキスパンダーは、アプリケーション使用者がクリックして、内容を展開または折りたたむことができます。これにより、アプリケーションのインターフェースを整理し、必要なときに詳細情報を表示することができます。

with 表記法の中に、エキスパンダーを展開したときに表示したいものを記述しておくことで活用

できます。(図3.21, 図3.22)

リスト3.33: st.expander のフォーマット

```
st.expander(label, expanded=False, *, icon=None)
```

3.2.6.1 label(str)

エキスパンダーのヘッダーに設定する文字列を指定します。エキスパンダーのヘッダーとして使用する文字列を指定でき、Markdownを使用して、太字、斜体、取り消し線、インラインコード、絵文字、リンクなどを含めることができます。

3.2.6.2 expanded(bool)

エキスパンダーが折り畳まれた状態(False) or 展開された状態(True)を指定できます。

3.2.6.3 icon(str or None)

エキスパンダーのlabelの隣に表示するアイコンや絵文字を指定します。以下のオプションを使用可能です。

・絵文字が使用可能です。一方で絵文字を表すショートコード(例：icon=:smile:など)は使用不可です。

・Material Symbols[6]という、Googleが公式に提供しているアイコンフォントが使用可能です。(例：icon=":material/thumb_up:)

リスト3.34: st.expander を使用したアプリケーション

```
 1: import streamlit as st
 2:
 3: st.title("st.expander")
 4:
 5: with st.expander("詳細を表示"):
 6:     st.markdown("""
 7:     ### st.expanderをって折りたたみ表示を作成。
 8:     - リスト項目1
 9:     - リスト項目2
10:     - リスト項目3
11:
12:     **太字のテキスト**や*イタリックのテキスト*も使用できます。
13:
14:     > 引用文も記述できます。
15:     """)
```

6.https://fonts.google.com/icons?icon.set=Material+Symbols&icon.style=Outlined

70 | 第3章 用意されている便利な関数

図 3.21: st.expander を使用したアプリケーション (操作前)

図 3.22: st.expander を使用したアプリケーション (操作後)

3.2.7 st.popover

　ホバー時にポップオーバー（ツールチップ）を表示する機能を実装します。この機能を使用すると、アプリケーション使用者が特定の要素にマウスを合わせたときに追加情報や説明を表示することができます。特定の要素に対するコンテキスト情報を提供するための便利です。

with表記法の中に、ポップオーバーを展開したときに表示したいものを記述しておくことで活用できます。(図3.23, 図3.24)

リスト3.35: st.popover のフォーマット

```
st.popover(label, *, help=None, disabled=False, use_container_width=False)
```

3.2.7.1　label(str)

ポップオーバーのヘッダーに設定する文字列を指定します。ポップオーバーのヘッダーとして使用する文字列を指定でき、Markdownを使用して、太字、斜体、取り消し線、インラインコード、絵文字、リンクなどを含めることができます。Markdownを使用することができ、太字、斜体、取り消し線、インラインコード、絵文字、リンクが使用できます。

3.2.7.2　help(str)

テキストを指定すると、横にhelpとして表示することができます。

3.2.7.3　disabled(bool)

Trueにすると、ポップオーバーが反応しなくなります。デフォルトはFalseです。

3.2.7.4　use_container_width(bool)

Trueの場合、ポップオーバーのボタンの幅を親コンテナの幅に設定します。

リスト3.36: st.popover を使用したアプリケーション

```
 1: import streamlit as st
 2:
 3: st.title("st.popover")
 4:
 5: col1, col2 = st.columns(2)
 6:
 7: with col1:
 8:     # ポップオーバーを作成
 9:     with st.popover("ポップオーバーを開く"):
10:         st.text("以下のテキストは右側に表示されます。")
11:         val = st.text_input("テキストを入力してください")
12:
13: with col2:
14:     # 入力された名前を表示
15:     st.write("ポップオーバーで入力した値:", val)
```

図3.23: st.popover を使用したアプリケーション(操作前)

st.popover

ポップオーバーを開く ✓   ポップオーバーで入力した値:

第3章　用意されている便利な関数 | 73

図 3.24: st.popover を使用したアプリケーション(操作後)

st.popover

ポップオーバーを開く ∧　　　　　　　ポップオーバーで入力した値: こんにちは

以下のテキストは右側に表示されます。

テキストを入力してください

こんにちは

3.2.8　st.tabs

タブを作成し、タブ毎にコンテンツを整理するための機能を実装します。タブを使うことで、アプリケーション使用者は複数のコンテンツをひとつのインターフェース内で切り替えて表示することができます。(図 3.25, 図 3.26)

リスト 3.37: st.tabs のフォーマット

```
st.tabs(tabs)
```

3.2.8.1　tabs(list of str)

リスト内の各文字列に対してタブを作成します。最初のタブがデフォルトで選択されます。Markdown を使用することができ、太字、斜体、取り消し線、インラインコード、絵文字、リンクが使用できます。

リスト 3.38: st.tabs を使用したアプリケーション

```
1: import streamlit as st
2:
3: st.title("st.tabs")
4:
5: # タブの作成
6: tabs = st.tabs([":house:**ホーム**", ":man:**プロフィール**", ":gear:**設定**"])
7:
8: # 各タブのコンテンツ
```

74　　第 3 章　用意されている便利な関数

```
 9: with tabs[0]:
10:     st.header("ホーム")
11:     st.write("ここにホームのコンテンツが表示されます。")
12:
13: with tabs[1]:
14:     st.header("プロフィール")
15:     st.write("ここにプロフィールのコンテンツが表示されます。")
16:
17: with tabs[2]:
18:     st.header("設定")
19:     st.write("ここに設定のコンテンツが表示されます。")
```

図 3.25: st.tabs を使用したアプリケーション (操作前)

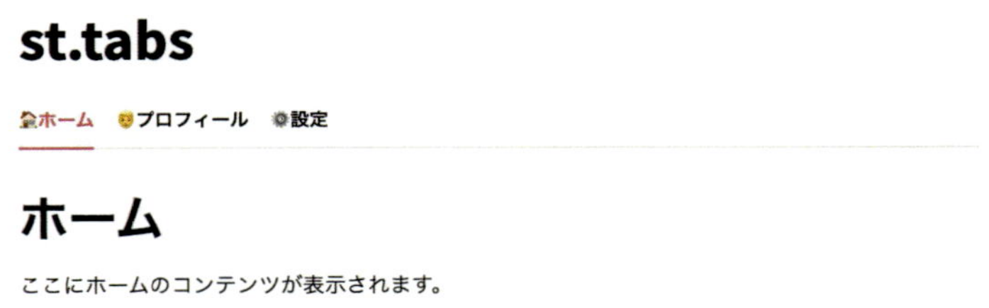

st.tabs

🏠ホーム 🦊プロフィール ⚙設定

ホーム

ここにホームのコンテンツが表示されます。

第3章　用意されている便利な関数 | 75

図 3.26: st.tabs を使用したアプリケーション (操作後)

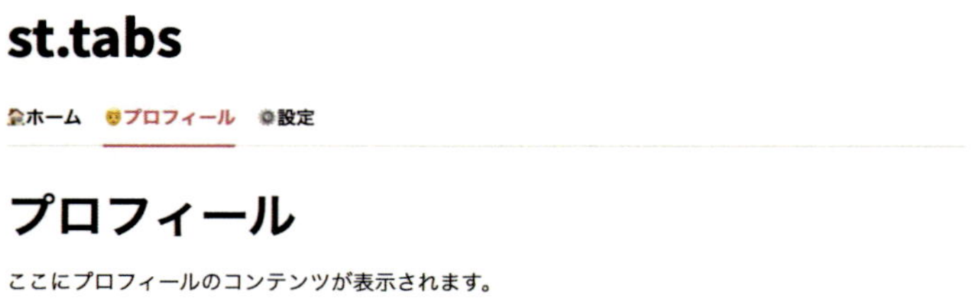

st.tabs

🏠ホーム 🐻プロフィール ⚙設定

プロフィール

ここにプロフィールのコンテンツが表示されます。

3.3 データの可視化

　本節では、Streamlit を使ったデータ可視化の基本から、より高度なビジュアル表現までを可能にする関数を紹介します。st.line_chart や st.area_chart のような基本的なチャートから、st.pydeck を使った地理空間データの視覚化まで、多様なデータ可視化の手法を紹介します。

3.3.1　st.line_chart

　折れ線グラフを表示します。折れ線グラフは、データの値が連続する点を線で結んで表現します。時系列データや、時間に沿って変化するデータのトレンドを視覚化するのに適しています。各点が前後の点とつながっているため、データの増減や傾向を直感的に理解することができます。内部的には「st.altair_chart」を使用していて、簡単かつ少ないコードでグラフの可視化を可能にした関数です。
　(図 3.27)

リスト 3.39: st.line_chart のフォーマット

```
st.line_chart(data=None, *, x=None, y=None, x_label=None, y_label=None,
color=None, width=None, height=None, use_container_width=True)
```

3.3.1.1　data(any)

　可視化したいデータを指定します。以下の様々な形式のデータを指定することができます。
Pandas.DataFrame, pandas.Styler, pyarrow.Table, numpy.ndarray, pyspark.sql.DataFrame,

76　　第 3 章　用意されている便利な関数

snowflake.snowpark.dataframe.DataFrame, snowflake.snowpark.table.Table, Iterable, dict など。

3.3.1.2　x(str or None)

x 軸に使用するカラムを指定します。

3.3.1.3　y(str or None)

y 軸に使用するカラムを指定します。

3.3.1.4　x_label(str or None)

x 軸のラベルを指定します。デフォルトは None で、パラメータ「x」に使用しているカラム名が使用されます。

3.3.1.5　y_label(str or None)

y 軸のラベルを指定します。デフォルトは None で、パラメータ「y」に使用しているカラム名が使用されます。

3.3.1.6　color(str, tuple or None)

色を指定します。"#ffaa00" や "#ffaa0088" などの16進数の文字列、(255, 170, 0) や (255, 170, 0, 0.5) などの RGB または RGBA のタプルで指定することができます。

3.3.1.7　width(int or None)

グラフの幅を指定します。デフォルトは None で、自動的に幅が設定されます。

3.3.1.8　height(int or None)

グラフの高さを指定します。デフォルトは None で、自動的に幅が設定されます。

3.3.1.9　use_container_width(bool)

True の場合、チャートの幅を親コンテナの幅に設定します。デフォルトは False で、プロットするライブラリーに従って、チャートの幅を設定します。

リスト3.40: st.line_chart を使用したアプリケーション

```
 1: import streamlit as st
 2: import pandas as pd
 3: import numpy as np
 4:
 5: # タイトル
 6: st.title('st.line_chart')
 7:
 8: # ダミーデータの作成
 9: dates = pd.date_range(start='2024-01-01', periods=100)
10:
11: # ひとつ目のデータ系列
```

```
12: values1 = np.random.randn(100).cumsum()
13:
14: # ふたつ目のデータ系列
15: values2 = np.random.randn(100).cumsum()
16:
17: # データフレームの作成
18: data = pd.DataFrame({
19:     '日付': dates,
20:     '列1': values1,
21:     '列2': values2
22: })
23:
24: # ラインチャートの表示
25: st.line_chart(data.set_index('日付'))
```

図 3.27: st.line_chart を使用したアプリケーション

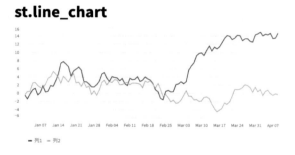

3.3.2　st.bar_chart

　棒グラフを表示します。棒グラフは、各カテゴリーの値を棒の長さで表現するグラフです。カテゴリーごとの比較を行うのに適しており、数量や頻度などの差異を視覚的に把握することができます。棒は縦方向または横方向に配置され、縦棒グラフと横棒グラフとして使用されます。内部的には「st.altair_chart」を使用していて、簡単かつ少ないコードでグラフの可視化を可能にした関数です。(図 3.28)

リスト 3.41: st.bar_chart のフォーマット

```
st.bar_chart(data=None, *, x=None, y=None, x_label=None, y_label=None,
color=None, horizontal=False, stack=None, width=None, height=None,
use_container_width=True)
```

3.3.2.1 data(any)

可視化したいデータを指定します。データフレームやテーブル、辞書型などのデータが渡せます。以下の様々な形式のデータを指定することができます。

Pandas.DataFrame、pandas.Styler、pyarrow.Table、numpy.ndarray、pyspark.sql.DataFrame、snowflake.snowpark.dataframe.DataFrame、snowflake.snowpark.table.Table、Iterable、dict など。

3.3.2.2 x(str or None)

x軸に使用するカラムを指定します。

3.3.2.3 y(str or None)

y軸に使用するカラムを指定します。

3.3.2.4 x_label(str or None)

x軸のラベルを指定します。デフォルトはNoneで、パラメータ「x」に使用しているカラム名が使用されます。

3.3.2.5 y_label(str or None)

y軸のラベルを指定します。デフォルトはNoneで、パラメータ「y」に使用しているカラム名が使用されます。

3.3.2.6 color(str, tuple or None)

色を指定します。"#ffaa00" や "#ffaa0088"などの16進数の文字列、(255, 170, 0) や (255, 170, 0, 0.5)などのRGBまたはRGBAのタプルで指定することができます。

3.3.2.7 horizontal(bool)

棒グラフを水平方向(True)に表示するか、垂直方向(False)に表示するかを指定します。デフォルトはFalseです。

3.3.2.8 stack(bool, "normalize", "center", "layered", or None)

棒グラフを積み上げるかどうかをbool値で指定します。デフォルトはNoneで、Streamlitは Vegaのデフォルトの設定を使用します。

・True: 積み上げ棒グラフとして表示します。

・False: 棒グラフを横並びに表示します。

・layered: 棒グラフを積み上げずに、重ねて表示します。

第3章 用意されている便利な関数 | 79

・normalize: 積み上げ棒グラフとして表示されます。全体の高さがチャートの高さの100％に正規化されます。

・center: 積み上げ棒グラフとして表示されます。棒グラフが上下中心の位置に配置されます。

3.3.2.9　width(int or None)

グラフの幅を指定します。デフォルトはNoneで、親Containerの幅を上限として自動的に幅が設定されます。

3.3.2.10　height(int or None)

グラフの高さを指定します。デフォルトはNoneで、自動的に幅が設定されます。

3.3.2.11　use_container_width(bool)

Trueの場合、チャートの幅を親コンテナの幅に設定します。デフォルトはFalseで、プロットするライブラリーに従って、チャートの幅を設定します。

リスト3.42: st.bar_chart を使用したアプリケーション

```
 1: import streamlit as st
 2: import pandas as pd
 3: import numpy as np
 4:
 5: # タイトル
 6: st.title('st.bar_chart')
 7:
 8: # ダミーデータの作成
 9: dates = pd.date_range(start='2024-01-01', periods=100)
10:
11: # ひとつ目のデータ系列
12: values1 = np.random.randn(100).cumsum()
13:
14: # ふたつ目のデータ系列
15: values2 = np.random.randn(100).cumsum()
16:
17: # データフレームの作成
18: data = pd.DataFrame({
19:     '日付': dates,
20:     '列1': values1,
21:     '列2': values2
22: })
23:
24: # ラインチャートの表示
25: st.bar_chart(data.set_index('日付'))
```

80　　第3章　用意されている便利な関数

図 3.28: st.bar_chart を使用したアプリケーション

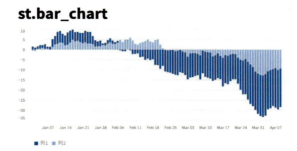

3.3.3 st.area_chart

面グラフを表示します。面グラフは、折れ線グラフに類似していますが、各データポイントの下側を塗りつぶすことで、面積でデータを表現します。複数のカテゴリーやデータセットの合計値の変化を示す際に役立ち、特に全体の変動とその内訳の視覚化に適しています。内部的には「st.altair_chart」を使用していて、簡単かつ少ないコードでグラフの可視化を可能にした関数です。(図 3.29)

リスト 3.43: st.area_chart のフォーマット

```
st.area_chart(data=None, *, x=None, y=None, x_label=None, y_label=None,
color=None, stack=None, width=None, height=None, use_container_width=True)
```

3.3.3.1 data(any)

可視化したいデータを指定します。データフレームやテーブル、辞書型などのデータが渡せます。以下の様々な形式のデータを指定することができます。

Pandas.DataFrame、pandas.Styler、pyarrow.Table、numpy.ndarray、pyspark.sql.DataFrame、snowflake.snowpark.dataframe.DataFrame、snowflake.snowpark.table.Table、Iterable、dict など。

3.3.3.2 x(str or None)

x 軸に使用するカラムを指定します。

3.3.3.3 y(str or None)

y 軸に使用するカラムを指定します。

3.3.3.4 x_label(str or None)

x 軸のラベルを指定します。デフォルトは None で、パラメータ「x」に使用しているカラム名が

使用されます。

3.3.3.5 y_label(str or None)

y軸のラベルを指定します。デフォルトはNoneで、パラメータ「y」に使用しているカラム名が使用されます。

3.3.3.6 color(str, tuple or None)

色を指定します。"#ffaa00" や "#ffaa0088"などの16進数の文字列、(255, 170, 0) や (255, 170, 0, 0.5)などのRGBまたはRGBAのタプルで指定することができます。

3.3.3.7 stack(bool, "normalize", "center", or None)

面グラフを積み上げるかどうかをbool値で指定します。デフォルトはNoneで、StreamlitはVegaのデフォルトを使用します。
・True: 積み上げ面グラフとして表示します。
・False: 面グラフを横並びに表示します。
・normalize: 積み上げ面グラフとして表示されます。全体の高さがチャートの高さの100％に正規化されます。
・center: 積み上げ面グラフとして表示されます。面グラフが上下中心の位置に配置されます。

3.3.3.8 width(int or None)

グラフの幅を指定します。デフォルトはNoneで、自動的に幅が設定されます。

3.3.3.9 height(int or None)

グラフの高さを指定します。デフォルトはNoneで、自動的に幅が設定されます。

3.3.3.10 use_container_width(bool)

Trueの場合、チャートの幅を親コンテナの幅に設定します。デフォルトはFalseで、プロットするライブラリーに従って、チャートの幅を設定します。

リスト3.44: st.area_chart を使用したアプリケーション

```
 1: import streamlit as st
 2: import pandas as pd
 3: import numpy as np
 4:
 5: # タイトル
 6: st.title('st.area_chart')
 7:
 8: # ダミーデータの作成
 9: dates = pd.date_range(start='2024-01-01', periods=100)
10:
11: # ひとつ目のデータ系列
```

82 第3章 用意されている便利な関数

```
12: values1 = np.random.randn(100).cumsum()
13:
14: # ふたつ目のデータ系列
15: values2 = np.random.randn(100).cumsum()
16:
17: # データフレームの作成
18: data = pd.DataFrame({
19:     '日付': dates,
20:     '列1': values1,
21:     '列2': values2
22: })
23:
24: # ラインチャートの表示
25: st.area_chart(data.set_index('日付'))
```

図 3.29: st.area_chart を使用したアプリケーション

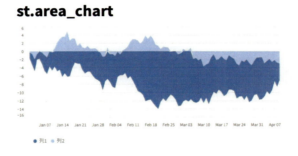

3.3.4 st.scatter_chart

散布図を表示します。散布図は、ふたつの異なる変数の関係を視覚化するためのグラフです。各データポイントは、X軸とY軸の座標によってプロットされ、データの分布や相関関係、外れ値などを確認するのに役立ちます。内部的には「st.altair_chart」を使用していて、簡単かつ少ないコードでグラフの可視化を可能にした関数です。(図 3.30)

リスト3.45: st.scatter_chart のフォーマット

```
st.scatter_chart(data=None, *, x=None, y=None, color=None, size=None, width=0,
height=0, use_container_width=True)
```

3.3.4.1 data(any)

可視化したいデータを指定します。データフレームやテーブル、辞書型などのデータが渡せます。以下の様々な形式のデータを指定することができます。

Pandas.DataFrame, pandas.Styler, pyarrow.Table, numpy.ndarray, pyspark.sql.DataFrame, snowflake.snowpark.dataframe.DataFrame, snowflake.snowpark.table.Table, Iterable, dict など。

3.3.4.2 x(str or None)

x軸に使用するカラムを指定します。

3.3.4.3 y(str or None)

y軸に使用するカラムを指定します。

3.3.4.4 x_label(str or None)

x軸のラベルを指定します。デフォルトはNoneで、パラメータ「x」に使用しているカラム名が使用されます。

3.3.4.5 y_label(str or None)

y軸のラベルを指定します。デフォルトはNoneで、パラメータ「y」に使用しているカラム名が使用されます。

3.3.4.6 color(str, tuple or None)

色を指定します。"#ffaa00" や "#ffaa0088"などの16進数の文字列、(255, 170, 0) や (255, 170, 0, 0.5) などのRGBまたはRGBAのタプルで指定することができます。

3.3.4.7 size(str, float, int or None)

数字を指定することで、プロットされる円のサイズを指定できます。数字を指定した場合、プロットされる全ての円のサイズが指定した数字に応じて変わります。カラムの名前を指定すれば、プロットされる円が指定したカラムの値の大きさに応じて、それぞれ異なるサイズで表示されます。デフォルトはNoneです。

3.3.4.8 width(int or None)

グラフの幅を指定します。デフォルトはNoneで、自動的に幅が設定されます。

3.3.4.9 height(int or None)

グラフの高さを指定します。デフォルトはNoneで、自動的に幅が設定されます。

3.3.4.10 use_container_width(bool)

Trueの場合、チャートの幅を親コンテナの幅に設定します。デフォルトはFalseで、プロットするライブラリーに従って、チャートの幅を設定します。

リスト3.46: st.scatter_chart を使用したアプリケーション

```python
 1: import streamlit as st
 2: import pandas as pd
 3: import numpy as np
 4:
 5: # タイトル
 6: st.title('st.scatter_chart')
 7:
 8: # ダミーデータの作成
 9: dates = pd.date_range(start='2024-01-01', periods=100)
10:
11: # ひとつ目のデータ系列
12: values1 = np.random.randn(100).cumsum()
13:
14: # ふたつ目のデータ系列
15: values2 = np.random.randn(100).cumsum()
16:
17: # データフレームの作成
18: data = pd.DataFrame({
19:     '日付': dates,
20:     '列1': values1,
21:     '列2': values2
22: })
23:
24: # ラインチャートの表示
25: st.scatter_chart(data.set_index('日付'))
```

第3章 用意されている便利な関数 | 85

図 3.30: st.scatter_chart を使用したアプリケーション

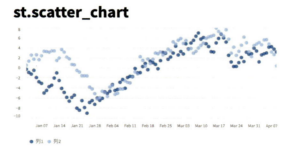

3.3.5　st.pyplot

Matplotlib 図を表示します。Matplotlib は Python のグラフ作成ライブラリーで、学術論文やレポート向けの静的なグラフを可視化やグラフを細部までカスタマイズしたい場合に向いています。2003年に最初のバージョンがリリースされ、非常に多くのドキュメントや事例があります。[7](図 3.31)

使用する際は、Matplotlib ライブラリーを pip コマンドなどでインストールする必要があります。

リスト 3.47: st.pyplot のフォーマット

```
st.pyplot(fig=None, clear_figure=None, use_container_width=True, **kwargs)
```

3.3.5.1　fig(Matplotlib Figure)
プロットする図を指定します。

3.3.5.2　clear_figure(bool)
True にするとレンダリング後にプロットした図がクリアされ、False にするとレンダリング後にプロットした図がクリアされません。未指定の場合は、fig の値に基づいてデフォルトを選択します。(図 3.31)のように、Matplotlib は新しい図やグラフを作成する際に、前の図やグラフが残ります。ひとつのセッションで複数のグラフを表示したり、同じグラフに複数のデータを追加したりすることができます。一方、明示的に古い図やグラフを削除しない限り、これらは次の図にも表示され続けます。

3.3.5.3　use_container_width(bool)
True の場合、チャートの幅を親コンテナの幅に設定します。デフォルトは False で、プロットす

7.https://matplotlib.org/stable/project/license.html#copyright-policy

るライブラリーに従って、チャートの幅を設定します。

3.3.5.4 **kwargs(any)

Matploblibの「savefig」関数に渡す引数を指定します。「savefig」はMatplotlibで生成したグラフを画像ファイルとして保存するための関数です。保存時のフォーマットや解像度、透過性など、多くのオプションがあります。「**kwargs」として、これらのオプションを設定することができます。[8]

リスト3.48: st.pyplot を使用したアプリケーション

```
 1: import streamlit as st
 2: import matplotlib.pyplot as plt
 3: import numpy as np
 4:
 5: st.title('st.pyplot')
 6:
 7: col1, col2 = st.columns(2)
 8:
 9: with col1:
10:     st.header('clear_figure=False')
11:
12:     x = np.linspace(0, 10, 100)
13:     y1 = np.sin(x)
14:     y2 = np.cos(x)
15:
16:     # 最初の図を描画
17:     fig, ax = plt.subplots()
18:     ax.plot(x, y1, label='sin(x)')
19:     st.pyplot(fig, clear_figure=False)
20:
21:     # ふたつ目の図を描画
22:     ax.plot(x, y2, label='cos(x)')
23:     st.pyplot(fig, clear_figure=False)
24:
25: with col2:
26:     st.header('clear_figure=True')
27:
28:     x = np.linspace(0, 10, 100)
29:     y1 = np.sin(x)
30:     y2 = np.cos(x)
31:
32:     # 最初の図を描画
```

8.https://matplotlib.org/stable/api/_as_gen/matplotlib.pyplot.savefig.html

第3章 用意されている便利な関数 87

```
33:    fig, ax = plt.subplots()
34:    ax.plot(x, y1, label='sin(x)')
35:    st.pyplot(fig, clear_figure=True)
36:
37:    # ふたつ目の図を描画
38:    fig, ax = plt.subplots()
39:    ax.plot(x, y2, label='cos(x)')
40:    st.pyplot(fig, clear_figure=True)
```

図3.31: st.pyplot を使用したアプリケーション

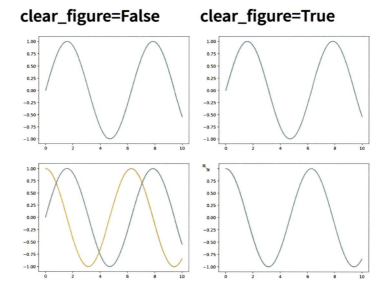

3.3.6　st.altair_chart

　Vega-Altair[9]ライブラリーで作成したチャートを表示します。Vega、Vega-LiteをPythonで扱えるようにしたライブラリーで、Streamlit には「st.vega_lite_chart」[10]というVega-Liteを取り扱うための関数も用意されています。Vega-Altairはコードがシンプルで読みやすく、インタラクティブ機

9.https://altair-viz.github.io/

10.https://docs.streamlit.io/develop/api-reference/charts/st.vega_lite_chart

能が標準でサポートされている点が便利です。簡単かつ迅速に美しいグラフを作成することができ、インタラクティブなデータ探索が可能です。また、Selectionという操作に対応していて、出力した図に対してGUIで範囲の選択を行うと、その範囲のデータを辞書型で返してくれます。(図3.32)

リスト3.49: st.altair_chartのフォーマット

```
st.altair_chart(altair_chart, *, use_container_width=False, theme="streamlit",
key=None, on_select="ignore", selection_mode=None)
```

3.3.6.1　altair_chart(altair.Chart)

表示するグラフを指定します。Vega-Altairの公式ドキュメントにて、可視化できるグラフや可視化するためのPythonスクリプトが公開されています。[11]

3.3.6.2　use_container_width(bool)

Trueの場合、チャートの幅を親コンテナの幅に設定します。デフォルトはFalseで、プロットするライブラリーに従って、チャートの幅を設定します。

3.3.6.3　theme("streamlit" or None)

グラフのテーマを指定します。デフォルトは「streamlit」で、streamlitの独自のデザインで表示されます。Noneに設定した場合は、ライブラリーのデザインになります。

3.3.6.4　key(str)

アプリ内でチャートを更新する際に使用されるキーを指定するためのオプションです。このキーは、チャートが更新されたときにStreamlitがどの部分を更新するかを判断するために使用されます。デフォルトでは、keyオプションはNoneに設定されており、Streamlitが自動的にキーを生成します。

3.3.6.5　on_select("ignore","rerun",callable)

アプリケーション使用者のSelectionイベントに対して、どのようにレスポンスをするかを指定します。これは、図が入力ウィジェットのように動作するかどうかをコントロールします。

デフォルトは「ignore」となっていて、StreamlitはSelectionに対して反応しません。

「rerun」に設定すると、Streamlitはアプリケーション使用者が図の中のデータをSelectionした際にアプリケーションを再実行します。この場合、Selectionしたデータを辞書型で返します。

関数を設定すると、Streamlitはコールバックとして関数を実行してから、アプリケーションのPythonスクリプトを再実行します。この場合、Selectionしたデータを辞書型で返します。

3.3.6.6　selection_mode(str or Iterable of str)

Streamlitが使用するSelectionパラメータを指定します。デフォルトは「None」で、この場合Altairで定義しているSelectionパラメータを全て使用します。また、Altairで指定したSelectionのname

---

11.https://altair-viz.github.io/gallery/

パラメータを指定することができ、この場合、そのSelectionパラメータのみを使用します。

リスト3.50: st.altair_chartを使用したアプリケーション

```
 1: import streamlit as st
 2: import altair as alt
 3: import pandas as pd
 4:
 5: st.title('st.altair_chart')
 6:
 7: # データの準備
 8: data = pd.DataFrame({
 9:     'x': range(1, 6),
10:     'y': [10, 20, 30, 40, 50]
11: })
12:
13: # Altair チャートの作成
14: select_area = alt.selection_interval(name='area')
15: select_point = alt.selection_point(name='point')
16: chart = alt.Chart(data).mark_bar().encode(
17:     x='x:O',
18:     y='y:Q'
19: ).add_selection(
20:     select_area,
21:     select_point
22: )
23:
24: col1, col2 = st.columns(2)
25:
26: with col1:
27:     # selection_modeをareaに設定することで、選択範囲のデータを取得できるようになる。
28:     # pointを設定していないので、pointで選択したデータは取得できない。
29:     event_data = st.altair_chart(chart, on_select="rerun",
selection_mode="area")
30:
31: with col2:
32:     # 選択範囲のデータを表示
33:     event_data
```

90 第3章 用意されている便利な関数

図3.32: st.altair_chart を使用したアプリケーション

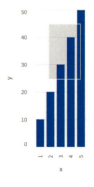

3.3.7　st.plotly_chart

　Plotly[12]ライブラリーで作成したチャートを表示します。Altairとよく似ていますが、Plotlyはさらに高性能なインタラクティブな操作が可能で、ズームやパンなどの機能が非常に充実しています。また、Selectionという操作に対応していて、出力した図にてGUIで範囲を選択すると、その範囲のデータを辞書型で返してくれます。(図3.33)

　使用する際は、Plotlyライブラリーをpipコマンドなどでインストールする必要があります。

12.https://plotly.com/python/

リスト3.51: st.plotly_chartのフォーマット

```
st.plotly_chart(figure_or_data, use_container_width=False, *, theme="streamlit",
key=None, on_select="ignore", selection_mode=('points', 'box', 'lasso'), **kwargs)
```

3.3.7.1 figure_or_data(plotly.graph_objs)

表示するグラフを指定します。Plotlyの公式ドキュメントにて、可視化できるグラフや可視化するためのPythonスクリプトが公開されています。[13]

3.3.7.2 use_container_width(bool)

Trueの場合、チャートの幅を親コンテナの幅に設定します。デフォルトはFalseで、プロットするライブラリーに従って、チャートの幅を設定します。

3.3.7.3 theme("streamlit" or None)

グラフのテーマを指定します。デフォルトは「streamlit」で、streamlitの独自のデザインで表示されます。Noneに設定した場合は、ライブラリーのデザインになります。

3.3.7.4 key(str)

アプリ内でチャートを更新する際に使用されるキーを指定するためのオプションです。このキーは、チャートが更新されたときにStreamlitがどの部分を更新するかを判断するために使用されます。デフォルトでは、keyオプションはNoneに設定されており、Streamlitが自動的にキーを生成します。

3.3.7.5 on_select("ignore","rerun",callable)

アプリケーション使用者のSelectionイベントに対して、どのようにレスポンスをするかを指定します。これは、図が入力ウィジェットのように動作するかどうかをコントロールします。デフォルトは「ignore」となっていて、StreamlitはSelectionに対して反応しません。

「rerun」に設定すると、Streamlitはアプリケーション使用者が図の中のデータをSelectionした際にアプリケーションを再実行します。この場合、Selectionしたデータを辞書型で返します。関数を設定すると、Streamlitはコールバックとして関数を実行してから、アプリケーションのPythonスクリプトを再実行します。この場合、Selectionしたデータを辞書型で返します。

3.3.7.6 selection_mode("points", "box", "lasso", Iterable)

グラフのSelectionモードを指定します。「points」、「box」、「lasso」が指定できます。

・points・・・グラフ内でクリックした箇所をSelectionできます。

・box・・・グラフ内で長方形型で選択した範囲をSelectionできます。

・lasso・・・グラフ内で自由な形状で選択した範囲をSelectionできます。

13.https://plotly.com/python/

3.3.7.7　**kwargs(null)

Plotlyの「plot()」関数に渡す引数を指定します。

リスト3.52: st.plotly_chartを使用したアプリケーション

```python
 1: import streamlit as st
 2: import plotly.express as px
 3: import pandas as pd
 4:
 5: st.title('st.plotly_chart')
 6:
 7: # データの準備
 8: data = pd.DataFrame({
 9:     'x': range(1, 6),
10:     'y': [10, 20, 30, 40, 50]
11: })
12:
13: # Plotly チャートの作成
14: fig = px.bar(data, x='x', y='y')
15:
16: col1, col2 = st.columns(2)
17:
18: with col1:
19:     # StreamlitでPlotlyグラフを表示
20:     event_data = st.plotly_chart(fig, on_select="rerun",
selection_mode="box")
21:
22: with col2:
23:     # 選択されたデータを表示
24:     event_data
```

図3.33: st.plotly_chart を使用したアプリケーション

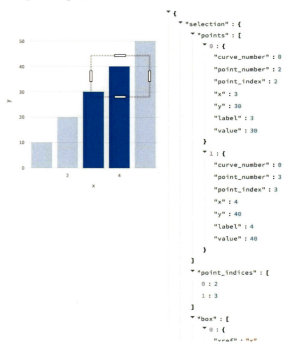

3.3.8　st.bokeh_chart

Bokeh[14]ライブラリーで作成したチャートを表示します。BokehはBokehサーバーを使用することで、リアルタイムのデータ更新や入力に応じたインタラクティブなグラフを作成することが可能です。高度なリアルタイムデータの可視化アプリケーションを構築する際は、Bokehライブラリーの使用を検討するとよろしいかと思います。(図3.34)

使用する際は、Bokehライブラリーをpipコマンドなどでインストールする必要があります。

14.https://docs.bokeh.org/en/latest/

リスト3.53: st.bokeh_chart のフォーマット

```
st.bokeh_chart(figure, use_container_width=False)
```

3.3.8.1 figure(bokeh.plotting.figure.Figure)

表示するグラフを指定します。Bokehの公式ドキュメントにて、可視化できるグラフや可視化するためのPythonスクリプトが公開されています。[15]

3.3.8.2 use_container_width(bool)

Trueの場合、チャートの幅を親コンテナの幅に設定します。デフォルトはFalseで、プロットするライブラリーに従って、チャートの幅を設定します。

リスト3.54: st.bokeh_chart を使用したアプリケーション

```
 1: import streamlit as st
 2: from bokeh.plotting import figure
 3: import pandas as pd
 4:
 5: st.title('st.bokeh_chart')
 6:
 7: # データの準備
 8: data = pd.DataFrame({
 9:     'x': range(1, 6),
10:     'y': [10, 20, 30, 40, 50]
11: })
12:
13: # Bokeh チャートの作成
14: p = figure(title="Bokeh Bar Chart", x_axis_label='x', y_axis_label='y')
15: p.vbar(x=data['x'], top=data['y'], width=0.5)
16:
17: st.bokeh_chart(p)
```

15.https://docs.bokeh.org/en/latest/docs/gallery.html

第3章 用意されている便利な関数 | 95

図3.34: st.bokeh_chart を使用したアプリケーション

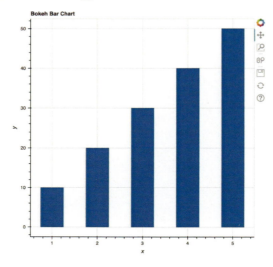

3.3.9　st.pydeck_chart

　Pydeck[16] ライブラリーで作成したオブジェクトを表示します。Pydeck は deck.gl という、簡単に2D・3D のデータ可視化を実現する JavaScript ライブラリーを Python で使用できるようにしたものです。Mapbox[17] が提供するマップ上にデータをプロットします。Pydeck の公式ドキュメントにて、可視化できるグラフや可視化するための Python スクリプトが公開されています。[18]

　Mapbox はユーザー登録をしてトークンを提供することを推奨していますが、現状 Streamlit がトークンを提供しているため、ユーザー登録なしで Mapbox を使用することが可能です。Mapbox で取得したトークンを config.toml に記載することで、Streamlit へのトークンの設定ができます。[19]

---

16. https://deckgl.readthedocs.io/en/latest/
17. https://www.mapbox.com/
18. https://deckgl.readthedocs.io/en/latest/
19. https://docs.streamlit.io/develop/api-reference/configuration/config.toml

リスト3.55: st.pydeck_chart のフォーマット

```
st.pydeck_chart(pydeck_obj=None, use_container_width=False)
```

3.3.9.1　pydeck_obj(pydeck.Deck or None)

Mapbox上にプロットしたいデータを指定します。辞書型やデータフレーム型、テーブル型などを指定できます。

3.3.9.2　use_container_width(bool)

Trueの場合、チャートの幅を親コンテナの幅に設定します。デフォルトはFalseで、プロットするライブラリーに従って、チャートの幅を設定します。

以下は、いくつかの都市の売上情報を、Mapbox上で可視化するアプリケーションです。データフレームに経度、緯度情報と売上情報をデータフレームに持たせれば、以下のように売上情報をMapbox上にわかりやすく表示させることが可能です。(図3.35)

リスト3.56: st.pydeck_chart を使用したアプリケーション

```
 1: import streamlit as st
 2: import pandas as pd
 3: import pydeck as pdk
 4:
 5: # 都道府県ごとの中心座標を定義
 6: prefecture_coordinates = {
 7:     "北海道": (43.0646, 141.3469),
 8:     "東京都": (35.6895, 139.6917),
 9:     "大阪府": (34.6937, 135.5022),
10:     "愛知県": (35.1802, 136.9066)
11: }
12:
13: # 各都市の売上データを定義
14: sales_data = {
15:     "北海道": 500,
16:     "東京都": 1200,
17:     "大阪府": 800,
18:     "愛知県": 900
19: }
20:
21: # データフレームを作成
22: df = pd.DataFrame({
23:     'prefecture': list(prefecture_coordinates.keys()),
24:     'lat': [prefecture_coordinates[p][0] for p in prefecture_coordinates],
25:     'lon': [prefecture_coordinates[p][1] for p in prefecture_coordinates],
```

第3章　用意されている便利な関数　　97

```
26:        'sales': list(sales_data.values())
27: })
28:
29: # Streamlitアプリのタイトルを設定
30: st.title("st.pydeck_chart")
31:
32: # PydeckのDeckオブジェクトを作成
33: deck = pdk.Deck(
34:     map_style="mapbox://styles/mapbox/light-v9",
35:     initial_view_state=pdk.ViewState(
36:         latitude=35.6895,  # 東京都の緯度
37:         longitude=139.6917,  # 東京都の経度
38:         zoom=5,
39:         pitch=50,
40:     ),
41:     layers=[
42:         pdk.Layer(
43:             'ColumnLayer',
44:             data=df,
45:             get_position='[lon, lat]',
46:             get_elevation='sales',
47:             elevation_scale=100,  # 売上データのスケーリング
48:             radius=10000,  # 円柱の底面の半径
49:             get_fill_color='[200, 30, 0, 160]',
50:             pickable=True,
51:             auto_highlight=True,
52:         ),
53:     ],
54: )
55:
56: # PydeckチャートをStreamlitアプリに表示
57: st.pydeck_chart(deck)
```

図 3.35: st.pydeck_chart を使用したアプリケーション

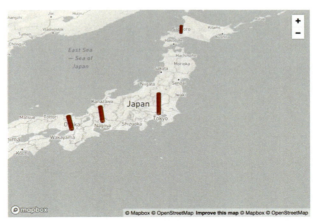

3.3.10　st.map

　地図上にデータを表示します。この関数を使うと、特定の位置情報を含むデータフレームを視覚的に表示することができます。特に、緯度と経度を含むデータを簡単にマッピングするのに便利です。内部的には「st.pydeck_chart」を使用していて、「st.pydeck_chart」よりも手軽で簡単にマップ上にプロットができるようにした関数です。

　こちらの関数も「st.pydeck_chart」と同様に、Mapboxはユーザー登録をしてトークンを提供することを推奨していますが、現状Streamlitがトークンを提供しているため、ユーザー登録なしでMapboxを使用することが可能です。Mapboxで取得したトークンをconfig.tomlに取得したトークンを記載することで、Streamlitへのトークンの設定ができます。[20](図3.36)

20.https://docs.streamlit.io/develop/api-reference/configuration/config.toml

リスト3.57: st.mapのフォーマット

```
st.map(data=None, *, latitude=None, longitude=None, color=None, size=None,
zoom=None, use_container_width=True)
```

3.3.10.1 data(any)

Mapbox上に、プロットしたいデータを指定します。以下の様々な形式のデータを指定することができます。

Pandas.DataFrame、pandas.Styler、pyarrow.Table、numpy.ndarray、pyspark.sql.DataFrame、snowflake.snowpark.dataframe.DataFrame、snowflake.snowpark.table.Table、Iterable、dictなど。

3.3.10.2 latitude(str or None)

dataで渡したデータのどのカラムが緯度の座標を表しているのかを指定できます。Noneの場合は、「lat」、「latitude」、「LAT」、「LATITUDE」という名前のカラムから取得されます。

3.3.10.3 longitude(str or None)

dataで渡したデータのどのカラムが経度の座標を表しているのかを指定できます。Noneの場合は、「lon」、「longitude」、「LON」、「LONGITUDE」という名前のカラムから取得されます。

3.3.10.4 color(str or tuple or None)

表示されるプロットの色を指定できます。デフォルトはNoneで、デフォルトの色で表示されます。hex値(例:#ffaa00)を指定すれば、色を細かく調整できます。

また、RGB(例:255, 255 255)やRGBA(例:255, 255 255, 255)などでも色を指定できます。

3.3.10.5 size(str or float or None)

数字を指定することでプロットされる円のサイズを指定できます。数字を指定した場合、プロットされる全ての円のサイズが指定した数字に応じて変わります。カラムの名前を指定すれば、プロットされる円が指定したカラムの値の大きさに応じて、それぞれ異なるサイズで表示されます。デフォルトはNoneです。

3.3.10.6 zoom(int)

ズームの調整ができます。ズームの数値はOpenStreetMap Wikiで確認可能です。[21]

3.3.10.7 use_container_width(bool)

Trueの場合、チャートの幅を親コンテナの幅に設定します。デフォルトはFalseで、プロットするライブラリーに従って、チャートの幅を設定します。

21.https://wiki.openstreetmap.org/wiki/Zoom_levels.

リスト3.58: st.map を使用したアプリケーション

```
 1: import streamlit as st
 2: import pandas as pd
 3:
 4: # サンプルデータを作成
 5: data = {
 6:     "都道府県": ["北海道", "東京都", "大阪府", "愛知県"],
 7:     "緯度": [43.0646, 35.6895, 34.6937, 35.1802],
 8:     "経度": [141.3469, 139.6917, 135.5022, 136.9066]
 9: }
10:
11: # データフレームを作成
12: df = pd.DataFrame(data)
13:
14: # Streamlitアプリのタイトルを設定
15: st.title("st.map")
16:
17: # st.mapで地図上にマーカーを表示
18: st.map(df, longitude="経度", latitude="緯度", size=20000, color=(255, 0, 100),
zoom=4)
```

図3.36: st.map を使用したアプリケーション

3.3.11　st.graphviz_chart

dagre-d3[22]ライブラリーを使用して、有向グラフを表示します。Dagreは有向グラフを簡単に作成できるJavaScriptのライブラリーで、作成した有向グラフを出力することができます。(図3.37)

使用する際は、graphvizライブラリーをpipコマンドなどでインストールする必要があります。

リスト3.59: st.graphviz_chart のフォーマット
```
st.graphviz_chart(figure_or_dot, use_container_width=False)
```

3.3.11.1　figure_or_dot(graphviz.got.Graph, graphviz.dot.Digraph or str)

表示したい有向グラフオブジェクトを指定します。

3.3.11.2　use_container_width(bool)

Trueの場合、チャートの幅を親コンテナの幅に設定します。デフォルトはFalseで、プロットするライブラリーに従って、チャートの幅を設定します。

22.https://github.com/dagrejs/dagre-d3?tab=readme-ov-file

リスト3.60: st.graphviz_chartを使用したアプリケーション

```
 1: import streamlit as st
 2: import graphviz
 3:
 4: # Dot言語でグラフを定義
 5: dot_graph = '''
 6:     digraph {
 7:         rankdir=LR;  // 左から右に描画
 8:
 9:         // ノードの定義
10:         Tokyo [label="Tokyo"];
11:         Osaka [label="Osaka"];
12:         Aichi [label="Aichi"];
13:         Hokkaido [label="Hokkaido"];
14:         Kyoto [label="Kyoto"];
15:
16:         // エッジの定義（人口移動の方向を表現)
17:         Tokyo -> Osaka [label="50000"];
18:         Tokyo -> Aichi [label="40000"];
19:         Osaka -> Aichi [label="30000"];
20:         Hokkaido -> Tokyo [label="20000"];
21:         Hokkaido -> Osaka [label="15000"];
22:         Aichi -> Tokyo [label="10000"];
23:         Kyoto -> Osaka [label="8000"];
24:         Kyoto -> Aichi [label="6000"];
25:     }
26: '''
27:
28: # GraphvizのSourceオブジェクトを作成
29: graph_source = graphviz.Source(dot_graph)
30:
31: st.title('st.graphviz_chart')
32:
33: # Streamlitにグラフを表示
34: st.graphviz_chart(graph_source.source)
```

図 3.37: st.graphviz_chart を使用したアプリケーション

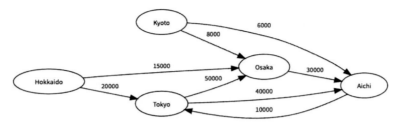

3.4 データの表示

理解しやすいデータ表示とインタラクティブな操作は、データ分析や情報共有において不可欠です。本節では、Streamlit のデータ表示関連の主要な関数に焦点を当てて解説します。

次節の「データフレームのカラムの詳細設定」では、データフレームの細かい表示設定について解説しています。pandas の Styler を使用してカラムの詳細設定を行うことも可能ですが、処理が重くなる場合があるため、「column_config」にて詳細設定をするのがより適切です。

3.4.1 st.dataframe

動的なデータフレームを表示します。こちらを使用することで、データの構造と内容を簡単に確認できます。Pandas, PyArrow, Snowpark, PySpark などのデータフレームを可視化することができます。(図 3.38)

リスト 3.61: st.dataframe のフォーマット

```
st.dataframe(data=None, width=None, height=None, *, use_container_width=False,
hide_index=None, column_order=None, column_config=None, key=None,
on_select="ignore", selection_mode="multi-row")
```

3.4.1.1 data(any)

表示するデータを指定します。pandas.DataFrame を使用することが一般的で、pandas.Styler を使用することでデータフレームのセルの値や色をカスタマイズすることができます。ただし、

「pandas.Styler」の一部の高度なスタイリング機能(例：棒グラフ、ホバリング、キャプションなど)はサポートされていません。

以下の様々な形式のデータを指定することができます。

pandas.DataFrame, pandas.Series, pandas.Styler, pandas.Index, pyarrow.Table, snowflake.snowpark.dataframe.DataFrame, snowflake.snowpark.table.Table, numpy.ndarray, pyspark.sql.DataFrame, Iterable, dict など。

3.4.1.2 width(int or None)

データフレームのwidthを指定します。デフォルトはNoneで、データフレームを親コンテナに収まる幅で表示します。数字を設定することでwidthを設定できますが、親コンテナのwidthより大きい場合、親コンテナの幅に合わせてwidthが設定されます。

3.4.1.3 height(int or None)

データフレームの高さを指定します。デフォルトでは、最大10行表示されるように高さが設定されています。すべて表示されない場合もスクロールで全データを確認できます。

3.4.1.4 use_container_width(bool)

Trueの場合、データフレームの幅を親コンテナの幅に設定します。Falseの場合、widthに指定した幅でデータフレームが表示されます。

3.4.1.5 hide_index(bool or None)

インデックスの表示の有無を指定します。デフォルトはNoneで、インデックスの表示有無はデータに基づいて自動的に決定されます。Trueに設定するとインデックスは非表示になり、Falseに設定するとインデックスは表示されます。

3.4.1.6 column_order(Iterable of str or None)

カラムの表示順を指定することができます。「column_order=("col2", "col1")」と指定すれば、col2が1列目に表示されてcol1が2列目に表示されます。

Noneの場合は、dataに指定したデータフレームのカラム順で表示されます。

3.4.1.7 column_config(dict or None)

カラムの表示方法を指定します。デフォルトはNoneで、dataで指定したデータフレームの各カラムのデータ型に基づいてスタイリングされます。

辞書型でカラム名、可視性、データ型、width、フォーマットなどを指定できます。カラムにNoneに設定すると、そのカラムがデータフレーム上で非表示になります。文字列を指定すると、カラム名がその文字列に変更されます。「st.column_config」を指定すると、カラムに詳細な設定を加えることができます。「st.column_config」については次節の「データフレームのカラムの詳細設定」をご覧ください。

3.4.1.8　key(str)

安定したアイデンティティを与えるために使用する文字列を指定します。デフォルトはNoneで、この要素のIDは他のパラメータの値に基づいて決定されます。keyが指定された場合は、StreamlitはそのキーをSession Stateに登録します。

3.4.1.9　on_select("ignore" , "rerun", callable)

アプリケーション使用者のSelectionイベントに対して、どのようにレスポンスをするかを指定します。デフォルトは「ignore」となっていて、StreamlitはSelectionに対して反応しません。

「rerun」に設定すると、アプリケーションの使用者がデータフレームの行や列を選択すると、アプリケーションを再実行します。そして、「st.dataframe」はSelectionしたデータを辞書として返します。

callableに関数を設定すると、Streamlitはコールバックとして関数を実行してから、アプリケーションのPythonスクリプトを再実行します。この場合、Selectionしたデータを辞書型で返します。

3.4.1.10　selection_mode("single-row", "multi-row", single-column", "multi-column")

Selectionのタイプを指定します。

・「multi-row」は、複数行を同時に選択することができます。こちらがデフォルトです。

・「single-row」は、同時にひとつの行しか選択できません。

・「multi-column」は、複数カラムを同時に選択できます。

・「single-column」は、同時にひとつのカラムしか選択できません。

なお、カラムへのSelectionが有効な状態の場合、カラムをソートすることができません。

リスト3.62: st.dataframe を使用したアプリケーション

```
 1: import streamlit as st
 2: import pandas as pd
 3: from datetime import datetime
 4: import base64
 5:
 6: st.set_page_config(layout="wide")
 7:
 8: # 画像ファイルのパス
 9: image_path = './static/images/polar_bear.jpg'
10:
11: # 画像ファイルをバイナリモードで開く
12: with open(image_path, 'rb') as f:
13:     image_bytes = f.read()
14:
15: # Base64エンコード
16: encoded_image = base64.b64encode(image_bytes).decode('utf-8')
17:
```

106　第3章　用意されている便利な関数

```
18: # サンプルデータの作成 (追加のSalesTrendsとSalesAmount)
19: data = {
20:     'ProductID': [1, 2, 3, 4, 5, 6, 7, 8, 9, 10, 11, 12, 13, 14, 15],  # 15行
に増やすため、ProductIDを追加
21:     'ProductName': ['Product A', 'Product B', 'Product C', 'Product D',
'Product E',
22:                     'Product F', 'Product G', 'Product H', 'Product I',
'Product J',
23:                     'Product K', 'Product L', 'Product M', 'Product N',
'Product O'],
24:     'Price': [100, 200, 150, 300, 250, 180, 220, 270, 190, 310,
25:               120, 280, 350, 240, 200],
26:     'InStock': [True, False, True, True, False,
27:                 True, False, True, False, True,
28:                 True, True, False, True, False],
29:     'Category': ['Electronics', 'Clothing', 'Electronics', 'Books', 'Kitchen',
30:                  'Electronics', 'Clothing', 'Books', 'Kitchen', 'Electronics',
31:                  'Electronics', 'Books', 'Clothing', 'Kitchen',
'Electronics'],
32:     'ReleaseDate': [datetime(2023, 1, 1), datetime(2022, 12, 1),
datetime(2023, 2, 15), datetime(2022, 11, 20), datetime(2023, 3, 10),
33:                     datetime(2023, 4, 5), datetime(2022, 9, 12),
datetime(2022, 8, 25), datetime(2023, 6, 8), datetime(2023, 7, 15),
34:                     datetime(2022, 7, 1), datetime(2022, 6, 15),
datetime(2023, 8, 20), datetime(2023, 9, 5), datetime(2023, 10, 10)],
35:     'Features': [['Feature 1', 'Feature 2'], ['Feature 3'], ['Feature 1',
'Feature 4'], ['Feature 5'], ['Feature 2'],
36:                  ['Feature 1', 'Feature 3'], ['Feature 2'], ['Feature 4'],
['Feature 1'], ['Feature 2'],
37:                  ['Feature 1', 'Feature 2'], ['Feature 3'], ['Feature 4'],
['Feature 5'], ['Feature 2']],
38:     'Link': ['https://www.producta.com', 'https://www.productb.com',
'https://www.productc.com', 'https://www.productd.com', 'https://www.producte.com',
39:              'https://www.productf.com', 'https://www.productg.com',
'https://www.producth.com', 'https://www.producti.com', 'https://www.productj.com',
40:              'https://www.productk.com', 'https://www.productl.com',
'https://www.productm.com', 'https://www.productn.com', 'https://www.producto.com'
],
41:     'Image': [f'data:image/png;base64,{encoded_image}'] * 15,  # 画像は先頭のひ
とつのみ使用
42:     'SalesTrends': [[1000, 2000, 1500, 3000, 2500], [5000, 3000, 8500, 4000,
```

第3章　用意されている便利な関数　　107

```python
                       500], [3000, 6000, 500, 500, 4500],
43:                           [4000, 5000, 4500, 6000, 5500], [5000, 6000, 5500, 7000,
    6500], [2000, 3000, 2500, 4000, 3500],
44:                           [7000, 8000, 7500, 6000, 5500], [6000, 5000, 4500, 3000,
    3500], [8000, 7000, 8500, 9000, 9500],
45:                           [9000, 8000, 7500, 7000, 6500], [1200, 3200, 4200, 5200,
    6200], [1500, 2500, 3500, 4500, 5500],
46:                           [1800, 2800, 3800, 4800, 5800], [2100, 3100, 4100, 5100,
    6100], [2400, 3400, 4400, 5400, 6400]],
47:     'SalesAmount': [10000, 20000, 15000, 30000, 25000,
48:                           18000, 22000, 27000, 19000, 31000,
49:                           15000, 25000, 35000, 45000, 55000]
50: }
51:
52: # データフレーム作成
53: df = pd.DataFrame(data)
54:
55: # カラム設定
56: column_config = {
57:     "ProductID": st.column_config.NumberColumn("製品ID"),
58:     "ProductName": st.column_config.TextColumn("製品名"),
59:     "Price": st.column_config.NumberColumn("販売価格", format="%.2f"),
60:     "InStock": st.column_config.CheckboxColumn("在庫有無"),
61:     "Category": st.column_config.SelectboxColumn("カテゴリー",
    options=['Electronics', 'Clothing', 'Books', 'Kitchen']),
62:     "ReleaseDate": st.column_config.DatetimeColumn("発売日"),
63:     "Features": st.column_config.ListColumn("分類"),
64:     "Link": st.column_config.LinkColumn("製品URL"),
65:     "Image": st.column_config.ImageColumn("製品画像"),
66:     "SalesTrends": st.column_config.LineChartColumn("売上推移"),
67:     "SalesAmount": st.column_config.ProgressColumn("売上金額", format="%.0f円",
    min_value=0, max_value=55000)
68: }
69:
70: st.title('st.dataframe')
71:
72: # スタイリングされたデータフレームを表示（行数を15行に増やして表示）
73: st.dataframe(df, column_config=column_config, height=570, hide_index=True)
```

図3.38: st.dataframe を使用したアプリケーション

st.dataframe

製品ID	製品名	販売価格	在庫有無	カテゴリー	発売日	分類		製品URL	製品画像	売上推移	売上金額
1	Product A	100.00	☑	Electronics	2023-01-01 00:00:00	Feature 1	Feature 2	https://www.producta.com			10000円
2	Product B	200.00	☐	Clothing	2022-12-01 00:00:00	Feature 3		https://www.productb.com			20000円
3	Product C	150.00	☑	Electronics	2023-02-15 00:00:00	Feature 1	Feature 4	https://www.productc.com			15000円
4	Product D	300.00	☑	Books	2022-11-20 00:00:00	Feature 5		https://www.productd.com			30000円
5	Product E	250.00	☐	Kitchen	2023-03-10 00:00:00	Feature 2		https://www.producte.com			25000円
6	Product F	180.00	☑	Electronics	2023-04-05 00:00:00	Feature 1	Feature 3	https://www.productf.com			18000円
7	Product G	220.00	☐	Clothing	2022-09-12 00:00:00	Feature 2		https://www.productg.com			22000円
8	Product H	270.00	☑	Books	2022-08-25 00:00:00	Feature 4		https://www.producth.com			27000円
9	Product I	190.00	☐	Kitchen	2023-06-08 00:00:00	Feature 1		https://www.producti.com			19000円
10	Product J	310.00	☑	Electronics	2023-07-15 00:00:00	Feature 2		https://www.productj.com			31000円
11	Product K	120.00	☑	Electronics	2022-07-01 00:00:00	Feature 1	Feature 2	https://www.productk.com			15000円
12	Product L	280.00	☑	Books	2022-06-15 00:00:00	Feature 3		https://www.productl.com			25000円
13	Product M	350.00	☐	Clothing	2023-08-20 00:00:00	Feature 4		https://www.productm.com			35000円
14	Product N	240.00	☑	Kitchen	2023-09-05 00:00:00	Feature 5		https://www.productn.com			45000円
15	Product O	200.00	☐	Electronics	2023-10-10 00:00:00	Feature 2		https://www.producto.com			55000円

　上記のようにデータフレームを可視化することができます。そして、「column_config」を使用することで、データフレーム内にグラフを表示することなども可能です。

3.4.2　st.data_editor

　動的かつインタラクティブに編集可能なデータフレームを表示します。アプリケーション使用者がデータを直接編集できるインタラクティブなデータエディターを提供し、データ管理を容易にします。こちらを使用することで、データの構造と内容を簡単に確認でき、手動で編集をすることも可能です。手動で編集したデータフレームは、Snowpark を使用して Snowflake にテーブルとして作成することができます。Pandas, PyArrow, Snowpark, PySpark などのデータフレームを可視化することができます。(図3.39, 図3.40, 図3.41)

リスト3.63: st.data_editor のフォーマット

```
st.data_editor(data, *, width=None, height=None, use_container_width=False,
hide_index=None, column_order=None, column_config=None, num_rows="fixed",
disabled=False, key=None, on_change=None, args=None, kwargs=None)
```

3.4.2.1　data(any)

データエディターで編集するためのデータを指定します。

・pandas.Styler のスタイルは、編集できないカラムにのみ適用されます。

・カラム内にデータ型を混在させると、カラムが編集できなくなる場合があります。

・pandas の辞書型、リスト型、タプル型など、一部の特殊のデータ型のデータは本書執筆時点では編集不可能です。
・datetime.timedelta, pandas.Timedelta などの値を含むカラムはデフォルトでは編集不可ですが、カラムの設定を変更することで編集可能にできます。

以下の様々な形式のデータを指定することができます。

pandas.DataFrame, pandas.Series, pandas.Styler, pandas.Index, pyarrow.Table, numpy.ndarray, pyspark.sql.DataFrame, snowflake.snowpark.DataFrame, list, set, tuple, dict など。

3.4.2.2 width(int or None)

データフレームの width を指定します。デフォルトは None で、データフレームを親コンテナに収まる幅で表示します。数字を設定することで width を設定できますが、親コンテナの width より大きい場合、親コンテナの幅に合わせて width が設定されます。

3.4.2.3 height(int or None)

データフレームの高さを指定します。デフォルトでは、最大10行表示されるように高さが設定されています。すべて表示されない場合もスクロールで全データを確認できます。

3.4.2.4 use_container_width(bool)

True の場合、データフレームの幅を親コンテナの幅に設定します。False の場合、width に指定した幅でデータフレームが表示されます。

3.4.2.5 hide_index(bool or None)

インデックスの表示の有無を指定します。デフォルトは None で、インデックスの表示有無はデータに基づいて自動的に決定されます。True に設定するとインデックスは非表示になり、False に設定するとインデックスは表示されます。

3.4.2.6 column_order(Iterable of str or None)

カラムの表示順を指定することができます。「column_order=("col2", "col1")」と指定すれば、col2 が1列目に表示されて col1 が2列目に表示されます。

None の場合は、data に指定したデータフレームのカラム順で表示されます。

3.4.2.7 column_config(dict or None)

カラムの表示方法を指定します。デフォルトは None で、data で指定したデータフレームの各カラムのデータ型に基づいてスタイリングされます。

辞書型でカラム名、可視性、データ型、width、フォーマットなどを指定できます。カラムに None に設定すると、そのカラムがデータフレーム上で非表示になります。文字列を指定すると、カラム名がその文字列に変更されます。「st.column_config」を指定すると、カラムに詳細な設定を加えることができます。「st.column_config」については次節の「データフレームのカラムの詳細設定」をご覧ください。

3.4.2.8　num_rows("fixed" or "dynamic")

アプリケーション使用者のデータエディターの行の追加・削除の可不可を指定します。「fixed」に設定すると、行の追加・削除ができない状態になります。「dynamic」に設定すると、行の追加・削除がインタラクティブにできる状態になりますが、カラムのソートはできなくなります。デフォルトは「fixed」です。

3.4.2.9　disabled(bool or Iterable of str)

カラムの編集の可不可を設定します。Trueに設定したら、全てのカラムの編集が不可能になります。「disabled=("col1", "col2")」のように指定すると、「col1」、「col2」だけが編集不可になります。Falseに設定すると、全てのカラムが可能になります。デフォルトはFalseです。

3.4.2.10　key(str)

安定したアイデンティティを与えるために使用する文字列を指定します。デフォルトはNoneで、この要素のIDは他のパラメータの値に基づいて決定されます。keyが指定された場合は、StreamlitはそのキーをSession Stateに登録します。

3.4.2.11　on_change(callable)

データエディターの値が変更されたときに呼び出すコールバック関数を指定します。

3.4.2.12　args(tuple)

コールバック関数に渡すargs(タプル型で引数)を指定します。

3.4.2.13　kwargs(dict)

コールバックに渡すkwargs(辞書型で引数)を指定します。

リスト3.64: st.data_editorを使用したアプリケーション

```
 1: import streamlit as st
 2: import pandas as pd
 3: from datetime import datetime
 4: import base64
 5:
 6: st.set_page_config(layout="wide")
 7:
 8: # 画像ファイルのパス
 9: image_path = './static/images/polar_bear.jpg'
10:
11: # 画像ファイルをバイナリモードで開く
12: with open(image_path, 'rb') as f:
13:     image_bytes = f.read()
14:
15: # Base64エンコード
```

```
16: encoded_image = base64.b64encode(image_bytes).decode('utf-8')
17:
18: # サンプルデータの作成（追加のSalesTrendsとSalesAmount）
19: data = {
20:     'ProductID': [1, 2, 3, 4, 5, 6, 7, 8, 9, 10, 11, 12, 13, 14, 15],  # 15行
に増やすため、ProductIDを追加
21:     'ProductName': ['Product A', 'Product B', 'Product C', 'Product D',
'Product E',
22:                     'Product F', 'Product G', 'Product H', 'Product I',
'Product J',
23:                     'Product K', 'Product L', 'Product M', 'Product N',
'Product O'],
24:     'Price': [100, 200, 150, 300, 250, 180, 220, 270, 190, 310,
25:               120, 280, 350, 240, 200],
26:     'InStock': [True, False, True, True, False,
27:                 True, False, True, False, True,
28:                 True, True, False, True, False],
29:     'Category': ['Electronics', 'Clothing', 'Electronics', 'Books', 'Kitchen',
30:                  'Electronics', 'Clothing', 'Books', 'Kitchen', 'Electronics',
31:                  'Electronics', 'Books', 'Clothing', 'Kitchen',
'Electronics'],
32:     'ReleaseDate': [datetime(2023, 1, 1), datetime(2022, 12, 1),
datetime(2023, 2, 15), datetime(2022, 11, 20), datetime(2023, 3, 10),
33:                     datetime(2023, 4, 5), datetime(2022, 9, 12),
datetime(2022, 8, 25), datetime(2023, 6, 8), datetime(2023, 7, 15),
34:                     datetime(2022, 7, 1), datetime(2022, 6, 15),
datetime(2023, 8, 20), datetime(2023, 9, 5), datetime(2023, 10, 10)],
35:     'Features': [['Feature 1', 'Feature 2'], ['Feature 3'], ['Feature 1',
'Feature 4'], ['Feature 5'], ['Feature 2'],
36:                  ['Feature 1', 'Feature 3'], ['Feature 2'], ['Feature 4'],
['Feature 1'], ['Feature 2'],
37:                  ['Feature 1', 'Feature 2'], ['Feature 3'], ['Feature 4'],
['Feature 5'], ['Feature 2']],
38:     'Link': ['https://www.producta.com', 'https://www.productb.com',
'https://www.productc.com', 'https://www.productd.com', 'https://www.producte.com',
39:              'https://www.productf.com', 'https://www.productg.com',
'https://www.producth.com', 'https://www.producti.com', 'https://www.productj.com',
40:              'https://www.productk.com', 'https://www.productl.com',
'https://www.productm.com', 'https://www.productn.com', 'https://www.producto.com'
],
41:     'Image': [f'data:image/png;base64,{encoded_image}'] * 15,  # 画像は先頭のひ
```

とつのみ使用

```
42:     'SalesTrends': [[1000, 2000, 1500, 3000, 2500], [5000, 3000, 8500, 4000,
500], [3000, 6000, 500, 500, 4500],
43:                    [4000, 5000, 4500, 6000, 5500], [5000, 6000, 5500, 7000,
6500], [2000, 3000, 2500, 4000, 3500],
44:                    [7000, 8000, 7500, 6000, 5500], [6000, 5000, 4500, 3000,
3500], [8000, 7000, 8500, 9000, 9500],
45:                    [9000, 8000, 7500, 7000, 6500], [1200, 3200, 4200, 5200,
6200], [1500, 2500, 3500, 4500, 5500],
46:                    [1800, 2800, 3800, 4800, 5800], [2100, 3100, 4100, 5100,
6100], [2400, 3400, 4400, 5400, 6400]],
47:     'SalesAmount': [10000, 20000, 15000, 30000, 25000,
48:                     18000, 22000, 27000, 19000, 31000,
49:                     15000, 25000, 35000, 45000, 55000]
50: }
51:
52: # データフレーム作成
53: df = pd.DataFrame(data)
54:
55: # カラム設定
56: column_config = {
57:     "ProductID": st.column_config.NumberColumn("製品ID"),
58:     "ProductName": st.column_config.TextColumn("製品名"),
59:     "Price": st.column_config.NumberColumn("販売価格", format="%.2f"),
60:     "InStock": st.column_config.CheckboxColumn("在庫有無"),
61:     "Category": st.column_config.SelectboxColumn("カテゴリー",
options=['Electronics', 'Clothing', 'Books', 'Kitchen']),
62:     "ReleaseDate": st.column_config.DatetimeColumn("発売日"),
63:     "Features": st.column_config.ListColumn("分類"),
64:     "Link": st.column_config.LinkColumn("製品URL"),
65:     "Image": st.column_config.ImageColumn("製品画像"),
66:     "SalesTrends": st.column_config.LineChartColumn("売上推移"),
67:     "SalesAmount": st.column_config.ProgressColumn("売上金額", format="%.0f円",
min_value=0, max_value=55000)
68: }
69:
70: st.title('st.data_editor')
71:
72: # スタイリングされたデータフレームを表示
73: st.data_editor(df, column_config=column_config, height=570, hide_index=True)
```

第3章　用意されている便利な関数　113

図3.39: st.data_editor を使用したアプリケーション

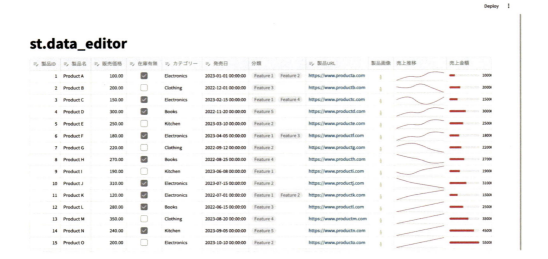

図3.40: st.data_editor でチェックボックスを操作する

114　第3章　用意されている便利な関数

図3.41: st.data_editor でセレクトボックスを操作する

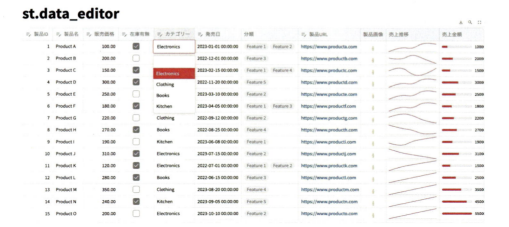

3.4.3　st.table

静的なテーブルを表示します。基本は動的なテーブルを表示する「st.dataframe」や「st.data_editor」の使用が推奨されています。(図3.42)

リスト3.65: st.table のフォーマット

```
st.table(data=None)
```

3.4.3.1　data(any)

静的なテーブルとして出力するデータを指定します。以下の様々な形式のデータを指定することができます。

pandas.DataFrame, pandas.Styler, pyarrow.Table, numpy.ndarray, pyspark.sql.DataFrame, snowflake.snowpark.dataframe.DataFrame, snowflake.snowpark.table.Table, Iterable, dict など。

リスト3.66: st.table を使用したアプリケーション

```
1: import streamlit as st
2: import pandas as pd
3:
4: # 動物データのサンプル
5: data = {
6:     '動物': ['ライオン', 'パンダ', 'コアラ', 'キリン'],
7:     '体重(kg)': [190, 100, 15, 800],
8:     '生息地': ['アフリカ', '中国', 'オーストラリア', 'アフリカ']
```

```
 9: }
10:
11: # DataFrameを作成
12: df = pd.DataFrame(data)
13:
14: st.title('st.table')
15: st.table(df)
```

図 3.42: st.table を使用したアプリケーション

st.table

	動物	体重(kg)	生息地
0	ライオン	190	アフリカ
1	パンダ	100	中国
2	コアラ	15	オーストラリア
3	キリン	800	アフリカ

3.4.4 st.metric

　数値指標を視覚的に強調し、重要なデータポイントを一目で把握できるような表示をします。数値がどのように変化したかを表示することも可能です。桁数が大きい数字などは、millify[23]やnumerize[24]のようなパッケージを使用して、簡潔に表示することが推奨されています。(図 3.43)

　例：st.metric("Short number", millify(1234)) は、1.2k と表示されます。

---

23. https://github.com/azaitsev/millify
24. https://github.com/davidsa03/numerize

116　第3章　用意されている便利な関数

リスト3.67: st.metric のフォーマット

```
st.metric(label, value, delta=None, delta_color="normal", help=None,
label_visibility="visible")
```

3.4.4.1　label(str)

メトリックスについての説明ラベルを指定できます。Markdownを使用することができ、太字、斜体、取り消し線、インラインコード、絵文字、リンクが使用できます。また、「:coffee:」などの絵文字のショートコードを記述することでアプリケーション上に絵文字を出力したり、「:color[テキスト]」を渡すことでテキストに色を付けたりすることも可能です。colorには「blue」、「green」、「orange」、「red」、「violet」、「gray/grey」、「rainbow」が指定できます。「$」や「$$」で囲むことでLaTex関数を使用できます。

3.4.4.2　value(int, float, str or None)

メトリックスに表示する値を指定します。Noneの場合は、ダッシュが表示されます。

3.4.4.3　delta(int, float, str or None)

メトリクスがどのように変化したかをインジケータを表示します。int、float型のデータの差分がマイナスの場合、string型のデータでマイナス記号で始まる場合は、矢印は下を向いてテキストは赤色になります。デフォルトはNoneで、インジケータが表示されません。

3.4.4.4　delta_color("normal", "inverse" or "off")

デフォルトは「normal」で、インジケータはint、float型のデータの差分がマイナスの場合、string型のデータでマイナス記号で始まる場合は、矢印は下を向いてテキストは赤色になります。「inverse」を指定した場合、正のときは赤、負のときは緑で表示されます。コストが減少するなどマイナスの変化がいいとみなされる場合に有効です。「off」に設定すると、インジケータは値に関係なく灰色で表示されます。

3.4.4.5　help(str)

テキストを指定すると、横にhelpとして表示することができます。

3.4.4.6　label_visibility("visible", "hidden", or "collapsed")

labelの表示方法の設定ができます。「visible」はlabelを表示し、「hidden」は表示しません。「collapsed」はlabelを表示しない上に、labelのスペースがなくなります。

リスト3.68: st.metric を使用したアプリケーション

```
1: import streamlit as st
2:
3: # タイトルを表示
4: st.title("st.metric")
5:
```

第3章　用意されている便利な関数　　117

```
 6:  # レイアウトを定義して指標を並べて表示
 7:  col1, col2, col3 = st.columns(3)
 8:
 9:  col1.metric(label="ユーザー数", value="1,234", delta="-123")
10:  col2.metric(label="売上高", value="¥ 10,000,000", delta="¥ 1,200,000")
11:  col3.metric(label="コスト", value="512", delta="-34", delta_color="inverse")
```

図 3.43: st.metric を使用したアプリケーション

st.metric

ユーザー数	売上高	コスト
1,234	**¥10,000,000**	**512**
↓ -123	↑ ¥1,200,000	↓ -34

3.4.5 st.json

JSON形式のデータを整形して表示します。データの構造を理解するのに役立ちます。(図3.44)

リスト 3.69: st.json のフォーマット

```
st.json(body, *, expanded=True)
```

3.4.5.1 body(object or str)

JSONとして表示したいデータを指定します。渡されたオブジェクトは、Pythonの辞書型、リスト型、数値、文字列など、JSONの形式にシリアライズできる型である必要があります。

3.4.5.2 expanded(bool)

表示されるJSONの初期状態を展開された状態かどうか指定します。デフォルトはTrueで、展開された状態で表示されます。

118 | 第3章 用意されている便利な関数

リスト3.70: st.jsonを使用したアプリケーション

```python
 1: import streamlit as st
 2:
 3: # ホッキョクグマの情報を示すJSONデータ
 4: polar_bear_info_dict = {
 5:     "動物": "ホッキョクグマ",
 6:     "年齢": 12,
 7:     "生息地": {
 8:         "国": "カナダ",
 9:         "地域": "北極圏",
10:     },
11:     "特徴": ["白い体毛", "氷上で狩りをする", "水中でも泳げる"]
12: }
13:
14: polar_bear_info_str = '''
15: {
16:     "動物": "ホッキョクグマ",
17:     "年齢": 12,
18:     "生息地": {
19:         "国": "カナダ",
20:         "地域": "北極圏",
21:     },
22:     "特徴": ["白い体毛", "氷上で狩りをする", "水中でも泳げる"]
23: }
24: '''
25:
26: st.title('st.json')
27:
28: # カラムを作成して横並びに表示
29: col1, col2 = st.columns(2)
30:
31: with col1:
32:     st.subheader("JSON データ (辞書)")
33:     st.json(polar_bear_info_dict)
34:
35: with col2:
36:     st.subheader("JSON データ (文字列)")
37:     st.json(polar_bear_info_str)
```

第3章　用意されている便利な関数　119

st.json

JSON データ (辞書)

```
▼ {
    "動物" : "ホッキョクグマ"
    "年齢" : 12
    ▼ "生息地" : {
        "国" : "カナダ"
        "地域" : "北極圏"
    }
    ▼ "特徴" : [
        0 : "白い体毛"
        1 : "氷上で狩りをする"
        2 : "水中でも泳げる"
    ]
}
```

JSON データ (文字列)

```
▼ {
    "動物" : "ホッキョクグマ"
    "年齢" : 12
    ▼ "生息地" : {
        "国" : "カナダ"
        "地域" : "北極圏"
    }
    ▼ "特徴" : [
        0 : "白い体毛"
        1 : "氷上で狩りをする"
        2 : "水中でも泳げる"
    ]
}
```

3.5　データフレームのカラムの詳細設定

データフレームの出力方法について前述しましたが、出力するデータフレームの表示方法をカスタマイズするために、「st.column_config」が提供されています。この「st.column_config」を「st.dataframe」や「st.data_editor」関数の「column_config」パラメータで使用することで、特定のカラムに対して表示オプションを設定できます。これには、カラムの表示名の変更、幅の調整、表示する値への特定のフォーマット設定などが含まれます。

3.5.1　st.column_config.Column

「st.dataframe」、「st.data_editor」の特定のカラムの表示設定を詳細に制御します。このカラムタイプを使用すると、カラムの表示名、幅、データのフォーマットなどを細かく設定できます。なお、カラムタイプはデータから自動的に推測されます。

リスト3.71: st.column_config.Columnのフォーマット

```
st.column_config.Column(label=None, *, width=None, help=None, disabled=None,
required=None)
```

3.5.1.1 label(str or None)

カラム名として表示されるテキストを指定します。デフォルトはNoneで、Noneの場合はカラム名がそのまま使用されます。

3.5.1.2 width("small", "medium", "large" or None)

カラム間の幅を指定します。「small」、「medium」、「large」を指定できます。デフォルトはNoneで、カラムのサイズはセル内の内容に合わせて調整されます。

3.5.1.3 help(str or None)

テキストを指定すると、カラム名の上にカーソルを置いた際に表示されるhelpテキストを設定できます。

3.5.1.4 disabled(bool or None)

カラムの編集を無効にするかどうかを指定します。デフォルトはFalseです。

3.5.1.5 required(bool or None)

編集されたカラムに値を入力する必要があるかどうかを指定します。Trueに設定の場合は入力必須となり、データを編集する際に、そのカラムのセルが何か値を持っていなければなりません。

3.5.2 st.column_config.TextColumn

テキストデータを含むカラムの表示方法を詳細に制御できますカラムの見出し、幅、テキストのフォーマットなどを細かく調整することができます。これは、string型の値を含むカラムのデフォルトのカラムタイプです。

3.5.2.1 label(str or None)

カラム名として表示されるテキストを指定します。デフォルトはNoneで、Noneの場合はカラム名がそのまま使用されます。

3.5.2.2 width("small", "medium", "large" or None)

カラム間の幅を指定します。「small」、「medium」、「large」を指定できます。デフォルトはNoneで、カラムのサイズはセル内の内容に合わせて調整されます。

3.5.2.3 help(str or None)

テキストを指定すると、カラム名の上にカーソルを置いた際に表示されるhelpテキストを設定できます。

3.5.2.4　disabled(bool or None)

カラムの編集を無効にするかどうかを指定します。デフォルトはFalseです。

3.5.2.5　required(bool or None)

編集されたカラムに値を入力する必要があるかどうかを指定します。Trueに設定の場合は入力必須となり、データを編集する際に、そのカラムのセルが何か値を持っていなければなりません。

3.5.2.6　default(str or None)

アプリケーション使用者が新しい行を追加したときの、カラムのデフォルト値を指定します。

3.5.2.7　max_chars(int or None)

入力できる文字の最大数を指定します。デフォルトはNoneで、文字数制限は指定されません。

3.5.2.8　validate(str or None)

正規表現を指定することで、編集された値が正規表現を用いて検証されます。入力が正規表現にマッチしない場合は、送信されません。

3.5.3　st.column_config.NumberColumn

「st.dataframe」と「st.data_editor」の特定の数値カラムに対して表示オプションを設定します。カラムの表示名、幅、数値のフォーマットなどを細かく調整できます。この設定は、integer型やfloat型などの数値データを含むカラムの出力に使用されます。

リスト 3.72: st.column_config.NumberColumn のフォーマット

```
st.column_config.NumberColumn(label=None, *, width=None, help=None,
disabled=None, required=None, default=None, format=None, min_value=None,
max_value=None, step=None)
```

3.5.3.1 label(str or None)

カラム名として表示されるテキストを指定します。デフォルトはNoneで、Noneの場合はカラム名がそのまま使用されます。

3.5.3.2 width("small", "medium", "large" or None)

カラム間の幅を指定します。「small」、「medium」、「large」を指定できます。デフォルトはNoneで、カラムのサイズはセル内の内容に合わせて調整されます。

3.5.3.3 help(str or None)

テキストを指定すると、カラム名の上にカーソルを置いた際に表示されるhelpテキストを設定できます。

3.5.3.4 disabled(bool or None)

カラムの編集を無効にするかどうかを指定します。デフォルトはFalseです。

3.5.3.5 required(bool or None)

編集されたカラムに値を入力する必要があるかどうかを指定します。Trueに設定の場合は入力必須となり、データを編集する際に、そのカラムのセルが何か値を持っていなければなりません。

3.5.3.6 default(int, float or None)

アプリケーション使用者が新しい行を追加したときの、カラムのデフォルト値を指定します。

3.5.3.7 format(str or None)

数値の表示方法を制御します。%d、%e、%f、%g、%i、%uでの制御が可能です。接頭辞の指定も可能で「$%.2f」のようにすると、ドルの接頭辞が表示されます。

3.5.3.8 min_value(int, float or None)

入力できる最小値を指定します。デフォルトはNoneで、最小値の制限が設定されていない状態になります。

3.5.3.9 max_value(int, float or None)

入力できる最大値を指定します。デフォルトはNoneで、最大値の制限が設定されていない状態になります。

3.5.3.10 step(int, float or None)

入力できる増減単位(インターバル)を指定します。デフォルトはNoneです。Noneの場合は、整数のインターバルは1、浮動小数点にはインターバルは指定されません。

3.5.4 st.column_config.CheckboxColumn

「st.dataframe」と「st.data_editor」のカラムにチェックボックスを追加します。内部的にはTrue/Falseまたは1/0で値を取り扱ってデータを表示し、チェックボックスとして表示することで視覚的に確認しやすくしています。この機能では、「st.data_editor」と併せて使用することで、直感的にチェックボックスを操作することができます。Boolean型のデータの表示や編集に適しています。(図3.45, 図3.45)

リスト3.73: st.column_config.CheckboxColumn のフォーマット

```
st.column_config.CheckboxColumn(label=None, *, width=None, help=None,
disabled=None, required=None, default=None)
```

3.5.4.1 label(str or None)

カラム名として表示されるテキストを指定します。デフォルトはNoneで、Noneの場合はカラム名がそのまま使用されます。

3.5.4.2 width("small", "medium", "large" or None)

カラム間の幅を指定します。「small」、「medium」、「large」を指定できます。デフォルトはNoneで、カラムのサイズはセル内の内容に合わせて調整されます。

3.5.4.3 help(str or None)

テキストを指定すると、カラム名の上にカーソルを置いた際に表示されるhelpテキストを設定できます。

3.5.4.4 disabled(bool or None)

カラムの編集を無効にするかどうかを指定します。デフォルトはFalseです。

3.5.4.5 required(bool or None)

編集されたカラムに値を入力する必要があるかどうかを指定します。Trueに設定の場合は入力必須となり、データを編集する際に、そのカラムのセルが何か値を持っていなければなりません。

3.5.4.6 default(int, float or None)

アプリケーション使用者が新しい行を追加したときの、カラムのデフォルト値を指定します。

124 第3章 用意されている便利な関数

リスト3.74: st.column_config.CheckboxColumn を使用したアプリケーション

```
 1: import pandas as pd
 2: import streamlit as st
 3:
 4: # サンプルデータフレーム
 5: data_df = pd.DataFrame(
 6:     {
 7:         "widgets": ["st.selectbox", "st.number_input", "st.text_area",
"st.button"],
 8:         "CheckboxColumn": [True, False, False, True],
 9:     }
10: )
11:
12: st.title("st.column_config.CheckboxColumn")
13: st.data_editor(
14:     data_df,
15:     column_config={
16:         "CheckboxColumn": st.column_config.CheckboxColumn(
17:             "カラムにチェックボックスを表示",
18:             default=False,
19:         )
20:     },
21:     disabled=["widgets"],
22:     hide_index=True,
23: )
```

第3章 用意されている便利な関数 | 125

図 3.45: st.column_config.CheckboxColumn を使用したアプリケーション (操作前)

st.column_config.CheckboxColumn

widgets	≣, カラムにチェックボックスを表示
st.selectbox	✅
st.number_input	✅
st.text_area	☐
st.button	✅

図 3.46: st.column_config.CheckboxColumn を使用したアプリケーション (操作後)

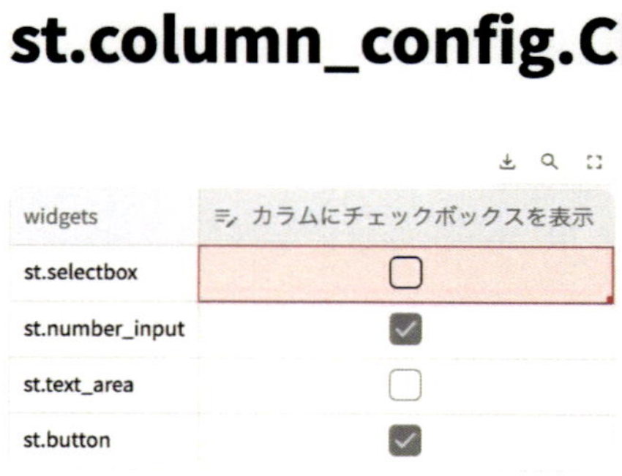

st.column_config.CheckboxColumn

widgets	≣, カラムにチェックボックスを表示
st.selectbox	☐
st.number_input	✅
st.text_area	☐
st.button	✅

126 第 3 章 用意されている便利な関数

3.5.5 st.column_config.SelectboxColumn

「st.dataframe」と「st.data_editor」のカラムにドロップダウンメニューを追加します。また、「st.data_editor」と併せて使用することで、アプリケーション使用者は直感的にselectboxウィジェットで作られた選択肢の中から値を選択できるようになります。リスト形式でstring型のデータを渡し、リストの中から選択したデータの出力に使用します。(図3.47, 図3.47)

リスト3.75: st.column_config.SelectboxColumnのフォーマット

```
st.column_config.SelectboxColumn(label=None, *, width=None, help=None,
disabled=None, required=None, default=None, options=None)
```

3.5.5.1 label(str or None)
カラム名として表示されるテキストを指定します。デフォルトはNoneで、Noneの場合はカラム名がそのまま使用されます。

3.5.5.2 width("small", "medium", "large" or None)
カラム間の幅を指定します。「small」、「medium」、「large」を指定できます。デフォルトはNoneで、カラムのサイズはセル内の内容に合わせて調整されます。

3.5.5.3 help(str or None)
テキストを指定すると、カラム名の上にカーソルを置いた際に表示されるhelpテキストを設定できます。

3.5.5.4 disabled(bool or None)
カラムの編集を無効にするかどうかを指定します。デフォルトはFalseです。

3.5.5.5 required(bool or None)
編集されたカラムに値を入力する必要があるかどうかを指定します。Trueに設定の場合は入力必須となり、データを編集する際に、そのカラムのセルが何か値を持っていなければなりません。

3.5.5.6 default(str, int, float, bool or None)
アプリケーション使用者が新しい行を追加したときの、カラムのデフォルト値を指定します。

3.5.5.7 options(Iterable of str or None)
選択可能なオプションを指定します。デフォルトはNoneで、dtypeが「category」の場合、データフレームのカラムから推測されます。

リスト3.76: st.column_config.SelectboxColumnを使用したアプリケーション

```
1: import pandas as pd
2: import streamlit as st
3:
```

第3章 用意されている便利な関数 | 127

```python
 4: data_df = pd.DataFrame(
 5:     {
 6:         "SelectboxColumn": [
 7:             ":bar_chart: データ探索",
 8:             ":chart_with_upwards_trend: データ可視化",
 9:             ":robot_face: LLM",
10:             ":bar_chart: データ探索",
11:         ], # 絵文字のshortcodesは実際の絵文字に置き換えてください。
12:     }
13: )
14:
15: st.title("st.column_config.SelectboxColumn")
16: st.data_editor(
17:     data_df,
18:     column_config={
19:         "SelectboxColumn": st.column_config.SelectboxColumn(
20:             "アプリカテゴリー",
21:             help="アプリのカテゴリー",
22:             width="medium",
23:             options=[
24:                 ":bar_chart: データ探索",
25:                 ":chart_with_upwards_trend: データ可視化",
26:                 ":robot_face: LLM",
27:             ], # 絵文字のshortcodesは実際の絵文字に置き換えてください。
28:             required=True,
29:         )
30:     },
31:     hide_index=True,
32: )
```

図 3.47: st.column_config.SelectboxColumn を使用したアプリケーション (操作前)

図 3.48: st.column_config.SelectboxColumn を使用したアプリケーション (操作後)

第 3 章　用意されている便利な関数　129

3.5.6 st.column_config.DatetimeColumn

「st.dataframe」と「st.data_editor」のカラムに日付や時間のデータを表示します。また、「st.data_editor」と併せて使用することで、アプリケーション使用者は日付や時間のデータを直感的に操作することができます。datetime型の数値データ出力に使用します。(図3.49, 図3.49)

リスト3.77: st.column_config.DatetimeColumn のフォーマット

```
st.column_config.DatetimeColumn(label=None, *, width=None, help=None,
disabled=None, required=None, default=None, format=None, min_value=None,
max_value=None, step=None, timezone=None)
```

3.5.6.1 label(str or None)

カラム名として表示されるテキストを指定します。デフォルトはNoneで、Noneの場合はカラム名がそのまま使用されます。

3.5.6.2 width("small", "medium", "large" or None)

カラム間の幅を指定します。「small」、「medium」、「large」を指定できます。デフォルトはNoneで、カラムのサイズはセル内の内容に合わせて調整されます。

3.5.6.3 help(str or None)

テキストを指定すると、カラム名の上にカーソルを置いた際に表示されるhelpテキストを設定できます。

3.5.6.4 disabled(bool or None)

カラムの編集を無効にするかどうかを指定します。デフォルトはFalseです。

3.5.6.5 required(bool or None)

編集されたカラムに値を入力する必要があるかどうかを指定します。Trueに設定の場合は入力必須となり、データを編集する際に、そのカラムのセルが何か値を持っていなければなりません。

3.5.6.6 default(datetime.datetime or None)

アプリケーション使用者が新しい行を追加したときの、カラムのデフォルト値を指定します。

3.5.6.7 format(datetime.datetime or None)

datetimeの表示方法を制御します。使用可能なフォーマットはmoment.jsのドキュメントを参照します。デフォルトはNoneで、「YYYY-MM-DD」が使用されます。

3.5.6.8 min_value(datetime.datetime or None)

入力できるdatetimeの最小値を指定します。デフォルトはNoneで、最小値の制限が設定されていない状態になります。

3.5.6.9　max_value(int, float or None)

入力できるdatetimeの最大値を指定します。デフォルトはNoneで、最大値の制限が設定されていない状態になります。

3.5.6.10　step(int, float or None)

入力できる増減単位(インターバル)を指定します。デフォルトはNoneで、インターバルは1日です。

3.5.6.11　timezone(str or None)

タイムゾーンの指定をします。デフォルトはNoneで、タイムゾーンはデータから推測されます。

リスト3.78: st.column_config.DatetimeColumn を使用したアプリケーション

```
 1: from datetime import datetime
 2: import pandas as pd
 3: import streamlit as st
 4:
 5: data_df = pd.DataFrame(
 6:     {
 7:         "DateTimeColumn": [
 8:             datetime(2024, 2, 5, 12, 30),
 9:             datetime(2023, 11, 10, 18, 0),
10:             datetime(2024, 3, 11, 20, 10),
11:             datetime(2023, 9, 12, 3, 0),
12:         ]
13:     }
14: )
15:
16: st.title("st.column_config.DatetimeColumn")
17: st.data_editor(
18:     data_df,
19:     column_config={
20:         "DateTimeColumn": st.column_config.DatetimeColumn(
21:             "カラムに日時を表示",
22:             min_value=datetime(2023, 6, 1),
23:             max_value=datetime(2025, 1, 1),
24:             format="YYYY年M月D日 h:mm a",
25:             step=60,
26:         ),
27:     },
28:     hide_index=True,
29: )
```

第3章　用意されている便利な関数　│　131

図 3.49: st.column_config.DatetimeColumn を使用したアプリケーション (操作前)

図 3.50: st.column_config.DatetimeColumn を使用したアプリケーション (操作後)

3.5.7　st.column_config.DateColumn

「st.dataframe」と「st.data_editor」のカラムに日付データを表示します。また、「st.data_editor」と併せて使用することで、アプリケーション使用者は日付のデータを直感的に操作することができます。date型の数値データ出力に使用します。(図3.51, 図3.51)

リスト3.79: st.column_config.DateColumn のフォーマット

```
st.column_config.DateColumn(label=None, *, width=None, help=None, disabled=None,
required=None, default=None, format=None, min_value=None, max_value=None,
step=None)
```

3.5.7.1　label(str or None)

カラム名として表示されるテキストを指定します。デフォルトはNoneで、Noneの場合はカラム名がそのまま使用されます。

3.5.7.2　width("small", "medium", "large" or None)

カラム間の幅を指定します。「small」、「medium」、「large」を指定できます。デフォルトはNoneで、カラムのサイズはセル内の内容に合わせて調整されます。

3.5.7.3　help(str or None)

テキストを指定すると、カラム名の上にカーソルを置いた際に表示されるhelpテキストを設定できます。

3.5.7.4　disabled(bool or None)

カラムの編集を無効にするかどうかを指定します。デフォルトはFalseです。

3.5.7.5　required(bool or None)

編集されたカラムに値を入力する必要があるかどうかを指定します。Trueに設定の場合は入力必須となり、データを編集する際に、そのカラムのセルが何か値を持っていなければなりません。

3.5.7.6　default(datetime.date or None)

アプリケーション使用者が新しい行を追加したときの、カラムのデフォルト値を指定します。

3.5.7.7　format(str or None)

dateの表示方法を制御します。使用可能なフォーマットはmoment.jsのドキュメントを参照します。デフォルトはNoneで、「YYYY-MM-DD」が使用されます。

3.5.7.8　min_value(datetime.date or None)

入力できるdateの最小値を指定します。デフォルトはNoneで、最小値の制限が設定されていない状態になります。

第3章　用意されている便利な関数　|　133

3.5.7.9 max_value(datetime.date or None)

入力できるdateの最大値を指定します。デフォルトはNoneで、最大値の制限が設定されていない状態になります。

3.5.7.10 step(int, float or None)

入力できる増減単位(インターバル)を指定します。デフォルトはNoneで、インターバルは1日です。

リスト3.80: st.column_config.DateColumn を使用したアプリケーション

```
 1: from datetime import date
 2: import pandas as pd
 3: import streamlit as st
 4:
 5: data_df = pd.DataFrame(
 6:     {
 7:         "DateColumn": [
 8:             date(1980, 1, 1),
 9:             date(1990, 5, 3),
10:             date(1974, 5, 19),
11:             date(2001, 8, 17),
12:         ]
13:     }
14: )
15:
16: st.title("st.column_config.DateColumn")
17: st.data_editor(
18:     data_df,
19:     column_config={
20:         "DateColumn": st.column_config.DateColumn(
21:             "カラムに日付を表示",
22:             min_value=date(1900, 1, 1),
23:             max_value=date(2005, 1, 1),
24:             format="YYYY年M月D日",
25:             step=1,
26:         ),
27:     },
28:     hide_index=True,
29: )
```

134 ┃ 第3章 用意されている便利な関数

図 3.51: st.column_config.DateColumn を使用したアプリケーション(操作前)

図 3.52: st.column_config.DateColumn を使用したアプリケーション(操作後)

第 3 章 用意されている便利な関数 135

3.5.8 st.column_config.TimeColumn

「st.dataframe」と「st.data_editor」のカラムに時間データを表示します。また、「st.data_editor」と併せて使用することで、アプリケーション使用者は時間のデータを直感的に操作することができます。time型の数値データ出力に使用します。(図3.53, 図3.53)

リスト3.81: st.column_config.TimeColumn のフォーマット

```
st.column_config.TimeColumn(label=None, *, width=None, help=None, disabled=None,
required=None, default=None, format=None, min_value=None, max_value=None,
step=None)
```

3.5.8.1 label(str or None)

カラム名として表示されるテキストを指定します。デフォルトはNoneで、Noneの場合はカラム名がそのまま使用されます。

3.5.8.2 width("small", "medium", "large" or None)

カラム間の幅を指定します。「small」、「medium」、「large」を指定できます。デフォルトはNoneで、カラムのサイズはセル内の内容に合わせて調整されます。

3.5.8.3 help(str or None)

テキストを指定すると、カラム名の上にカーソルを置いた際に表示されるhelpテキストを設定できます。

3.5.8.4 disabled(bool or None)

カラムの編集を無効にするかどうかを指定します。デフォルトはFalseです。

3.5.8.5 required(bool or None)

編集されたカラムに値を入力する必要があるかどうかを指定します。Trueに設定の場合は入力必須となり、データを編集する際に、そのカラムのセルが何か値を持っていなければなりません。

3.5.8.6 default(datetime.time or None)

アプリケーション使用者が新しい行を追加したときの、カラムのデフォルト値を指定します。

3.5.8.7 format(str or None)

timeの表示方法を制御します。使用可能なフォーマットはmoment.jsのドキュメントを参照します。デフォルトはNoneで、「HH:mm:ss」が使用されます。

3.5.8.8 min_value(datetime.time or None)

入力できるtimeの最小値を指定します。デフォルトはNoneで、最小値の制限が設定されていない状態になります。

136 | 第3章 用意されている便利な関数

3.5.8.9 max_value(datetime.time, float or None)

入力できるtimeの最大値を指定します。デフォルトはNoneで、最大値の制限が設定されていない状態になります。

3.5.8.10 step(int, float, datetime.timedelta or None)

入力できる増減単位(インターバル)を指定します。デフォルトはNoneで、インターバルは1秒です。

リスト3.82: st.column_config.TimeColumn を使用したアプリケーション

```python
 1: from datetime import time
 2: import pandas as pd
 3: import streamlit as st
 4:
 5: data_df = pd.DataFrame(
 6:     {
 7:         "TimeColumn": [
 8:             time(12, 30),
 9:             time(18, 0),
10:             time(9, 10),
11:             time(16, 25),
12:         ]
13:     }
14: )
15:
16: st.title("st.column_config.TimeColumn")
17: st.data_editor(
18:     data_df,
19:     column_config={
20:         "TimeColumn": st.column_config.TimeColumn(
21:             "カラムに時間を表示",
22:             min_value=time(8, 0, 0),
23:             max_value=time(19, 0, 0),
24:             format="hh:mm a",
25:             step=60,
26:         ),
27:     },
28:     hide_index=True,
29: )
```

第3章 用意されている便利な関数　137

図 3.53: st.column_config.TimeColumn を使用したアプリケーション (操作前)

図 3.54: st.column_config.TimeColumn を使用したアプリケーション (操作後)

3.5.9 st.column_config.ListColumn

「st.dataframe」と「st.data_editor」のカラムにリスト型のデータを表示します。このカラムタイプを使用することによって、複数の値を持つカラムを扱いやすくなります。リスト型のデータ出力に使用します。ただし、リスト型のカラムは本書執筆時点では「st.editor」での編集が不可能です(図3.55)。

リスト3.83: st.column_config.ListColumn のフォーマット

```
st.column_config.ListColumn(label=None, *, width=None, help=None)
```

3.5.9.1 label(str or None)

カラム名として表示されるテキストを指定します。デフォルトはNoneで、Noneの場合はカラム名がそのまま使用されます。

3.5.9.2 width("small", "medium", "large" or None)

カラム間の幅を指定します。「small」、「medium」、「large」を指定できます。デフォルトはNoneで、カラムのサイズはセル内の内容に合わせて調整されます。

3.5.9.3 help(str or None)

テキストを指定すると、カラム名の上にカーソルを置いた際に表示されるhelpテキストを設定できます。

リスト3.84: st.column_config.ListColumn を使用したアプリケーション

```
 1: import pandas as pd
 2: import streamlit as st
 3:
 4: data_df = pd.DataFrame(
 5:     {
 6:         "ListColumn": [
 7:             [0, 4, 26, 80, 100, 40],
 8:             [80, 20, 80, 35, 40, 100],
 9:             [10, 20, 80, 80, 70, 0],
10:             [10, 100, 20, 100, 30, 100],
11:         ],
12:     }
13: )
14:
15: st.title("st.column_config.ListColumn")
16: st.data_editor(
17:     data_df,
18:     column_config={
```

第3章　用意されている便利な関数 | 139

```
19:        "ListColumn": st.column_config.ListColumn(
20:            "カラムにリストを表示",
21:            width="large",
22:        ),
23:    },
24:    hide_index=True,
25: )
```

図 3.55: st.column_config.ListColumn を使用したアプリケーション

st.column_config.ListColumn

カラムにリストを表示

0	4	26	80	100	40
80	20	80	35	40	100
10	20	80	80	70	0
10	100	20	100	30	100

3.5.10　st.column_config.LinkColumn

「st.dataframe」と「st.data_editor」のカラムにリンク可能な URL を出力するために使用します。指定する値は文字列である必要があります (図 3.56)。

リスト 3.85: st.column_config.LinkColumn のフォーマット

```
st.column_config.LinkColumn(label=None, *, width=None, help=None, disabled=None,
required=None, default=None, max_chars=None, validate=None, display_text=None)
```

3.5.10.1　label(str or None)

カラム名として表示されるテキストを指定します。デフォルトは None で、None の場合はカラム名がそのまま使用されます。

140 ｜ 第3章　用意されている便利な関数

3.5.10.2 width("small", "medium", "large" or None)

カラム間の幅を指定します。「small」、「medium」、「large」を指定できます。デフォルトは None で、カラムのサイズはセル内の内容に合わせて調整されます。

3.5.10.3 help(str or None)

テキストを指定すると、カラム名の上にカーソルを置いた際に表示される help テキストを設定できます。

3.5.10.4 disabled(bool or None)

カラムの編集を無効にするかどうかを指定します。デフォルトは False です。

3.5.10.5 required(bool or None)

編集されたカラムに値を入力する必要があるかどうかを指定します。True に設定の場合は入力必須となり、データを編集する際に、そのカラムのセルが何か値を持っていなければなりません。

3.5.10.6 default(str or None)

アプリケーション使用者が新しい行を追加したときの、カラムのデフォルト値を指定します。

3.5.10.7 max_chars(int or None)

文字数の最大値を指定します。デフォルトは None で、最大値の制限は設定されません。

3.5.10.8 validate(str or None)

正規表現を指定することで、編集された値が正規表現を用いて検証されます。入力が正規表現にマッチしない場合は、送信されません。

3.5.10.9 display_text(str or None)

セルに表示されるテキストを指定します。デフォルトは None で、URL をそのまま表示します。文字列を指定すると、指定した文字列がクリック可能な文字列として URL の代わりに表示されます。

正規表現を指定すると、キャプチャグループを経由して URL の一部を表示させることが可能です。「https://([a-zA-Z0-9\-]+)\.example\.com」のような正規表現を使って、「https://foo.example.com」から「foo」という部分を抽出するイメージです。

リスト 3.86: st.column_config.LinkColumn を使用したアプリケーション

```
1: import pandas as pd
2: import streamlit as st
3:
4: data_df = pd.DataFrame(
5:     {
6:         "LinkColumn": [
7:             "https://roadmap.streamlit.app",
8:             "https://extras.streamlit.app",
```

第3章 用意されている便利な関数 | 141

```
 9:            "https://issues.streamlit.app",
10:            "https://30days.streamlit.app",
11:        ]
12:    }
13: )
14:
15: st.title("st.column_config.LinkColumn")
16: st.dataframe(
17:     data_df,
18:     column_config={
19:         "LinkColumn": st.column_config.LinkColumn(
20:             "カラムにURLを表示",
21:             validate="^https://[a-z]+\.streamlit\.app$",
22:             max_chars=100,
23:             display_text="https://(.*?)\.streamlit\.app"
24:         )
25:     },
26:     hide_index=True,
27: )
```

図3.56: st.column_config.LinkColumn を使用したアプリケーション

st.column_config.LinkColumn

カラムにURLを表示

roadmap

extras

issues

30days

142 | 第3章 用意されている便利な関数

3.5.11　st.column_config.ImageColumn

「st.dataframe」と「st.data_editor」のカラムに画像を表示します。この機能を使用することで、アプリケーション使用者は画像データを簡単に表示および操作することができます。(図3.57)

公開URLを使用して画像を取得することができます。また、SVG形式のデータやBase64でエンコードされた画像もURLで指定することで出力できます。

リスト3.87: st.column_config.ImageColumn のフォーマット

```
st.column_config.ImageColumn(label=None, *, width=None, help=None)
```

3.5.11.1　label(str or None)

カラム名として表示されるテキストを指定します。デフォルトはNoneで、Noneの場合はカラム名がそのまま使用されます。

3.5.11.2　width("small", "medium", "large" or None)

カラム間の幅を指定します。「small」、「medium」、「large」を指定できます。デフォルトはNoneで、カラムのサイズはセル内の内容に合わせて調整されます。

3.5.11.3　help(str or None)

テキストを指定すると、カラム名の上にカーソルを置いた際に表示されるhelpテキストを設定できます。

リスト3.88: st.column_config.ImageColumn を使用したアプリケーション

```
 1: import pandas as pd
 2: import streamlit as st
 3: import base64
 4:
 5: # 画像ファイルのパス
 6: image_path = './static/images/polar_bear.jpg'
 7:
 8: # 画像ファイルをバイナリモードで開く
 9: with open(image_path, 'rb') as f:
10:     image_bytes = f.read()
11:     # Base64エンコード
12:     encoded_image = base64.b64encode(image_bytes).decode('utf-8')
13:
14: data_df = pd.DataFrame(
15:     {
16:         "ImageColumn": [
17:             f'data:image/jpeg;base64,{encoded_image}',
18:             "https://storage.googleapis.com/s4a-prod-share-preview/default/s
```

第3章　用意されている便利な関数　143

```
t_app_screenshot_image/5435b8cb-6c6c-490b-9608-799b543655d3/Home_Page.png"
19:        ]
20:    }
21: )
22:
23: st.title("st.column_config.ImageColumn")
24: st.dataframe(
25:     data_df,
26:     column_config={
27:         "ImageColumn": st.column_config.ImageColumn(
28:             "カラムに画像を表示"
29:         ),
30:     },
31:     hide_index=True,
32: )
```

図 3.57: st.column_config.ImageColumn を使用したアプリケーション

3.5.12　st.column_config.AreaChartColumn

「st.dataframe」と「st.data_editor」で面グラフを表示します。リスト型で与えた数値を面グラフで出力します (図 3.58)。

リスト3.89: st.column_config.AreaChartColumn のフォーマット

```
st.column_config.AreaChartColumn(label=None, *, width=None, help=None,
y_min=None, y_max=None)
```

3.5.12.1 label(str or None)

カラム名として表示されるテキストを指定します。デフォルトはNoneで、Noneの場合はカラム名がそのまま使用されます。

3.5.12.2 width("small", "medium", "large" or None)

カラム間の幅を指定します。「small」、「medium」、「large」を指定できます。デフォルトはNoneで、カラムのサイズはセル内の内容に合わせて調整されます。

3.5.12.3 help(str or None)

テキストを指定すると、カラム名の上にカーソルを置いた際に表示されるhelpテキストを設定できます。

3.5.12.4 y_min(int, float or None)

カラム内のY軸の最小値を指定します。たとえば、0を指定すると、全てのチャートのY軸は必ず0から始まります。デフォルトはNoneで、セル内のデータの最小値がY軸の最小値として使用されます。

3.5.12.5 y_max(int, float or None)

カラム内のY軸の最大値を指定します。たとえば、100を指定すると、全てのチャートのY軸は最大値100まで表示されます。デフォルトはNoneで、セル内のデータの最大値が自動的にY軸の最大値として使用されます。

リスト3.90: st.column_config.AreaChartColumn を使用したアプリケーション

```
 1: import pandas as pd
 2: import streamlit as st
 3:
 4: # サンプルデータフレーム
 5: data_df = pd.DataFrame(
 6:     {
 7:         "AreaChartColumn": [
 8:             [0, 4, 26, 80, 100, 40],
 9:             [80, 20, 80, 35, 40, 100],
10:             [10, 20, 80, 80, 70, 0],
11:             [10, 100, 20, 100, 30, 100],
12:         ],
13:     }
```

第3章 用意されている便利な関数 | 145

```
14: )
15:
16: st.title("st.column_config.AreaChartColumn")
17: st.dataframe(
18:     data_df,
19:     column_config={
20:         "AreaChartColumn": st.column_config.AreaChartColumn(
21:             "カラムに面グラフを表示",
22:             width="medium",
23:             y_min=0,
24:             y_max=100,
25:         ),
26:     },
27:     hide_index=True,
28: )
```

図 3.58: st.column_config.AreaChartColumn を使用したアプリケーション

st.column_config.AreaChartColumn

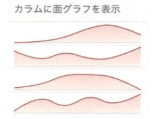

3.5.13　st.column_config.LineChartColumn

「st.dataframe」と「st.data_editor」で折れ線グラフを表示します。リスト型で与えた数値を折れ線グラフで出力します。

146　第 3 章　用意されている便利な関数

リスト3.91: st.column_config.LineChartColumn のフォーマット

```
st.column_config.LineChartColumn(label=None, *, width=None, help=None,
y_min=None, y_max=None)
```

3.5.13.1　label(str or None)

カラム名として表示されるテキストを指定します。デフォルトはNoneで、Noneの場合はカラム名がそのまま使用されます。

3.5.13.2　width("small", "medium", "large" or None)

カラム間の幅を指定します。「small」、「medium」、「large」を指定できます。デフォルトはNoneで、カラムのサイズはセル内の内容に合わせて調整されます。

3.5.13.3　help(str or None)

テキストを指定すると、カラム名の上にカーソルを置いた際に表示されるhelpテキストを設定できます。

3.5.13.4　y_min(int, float or None)

カラム内のY軸の最小値を指定します。たとえば、0を指定すると全てのチャートのY軸は必ず0から始まります。デフォルトはNoneで、セル内のデータの最小値がY軸の最小値として使用されます。

3.5.13.5　y_max(int, float or None)

カラム内のY軸の最大値を指定します。たとえば、100を指定すると、全てのチャートのY軸は最大値100まで表示されます。デフォルトはNoneで、セル内のデータの最大値が自動的にY軸の最大値として使用されます。

リスト3.92: st.column_config.LineChartColumn を使用したアプリケーション

```
 1: import pandas as pd
 2: import streamlit as st
 3:
 4: data_df = pd.DataFrame(
 5:     {
 6:         "LineChartColumn": [
 7:             [0, 4, 26, 80, 100, 40],
 8:             [80, 20, 80, 35, 40, 100],
 9:             [10, 20, 80, 80, 70, 0],
10:             [10, 100, 20, 100, 30, 100],
11:         ],
12:     }
13: )
```

第3章　用意されている便利な関数 | 147

```
14:
15: st.title("st.column_config.LineChartColumn")
16: st.data_editor(
17:     data_df,
18:     column_config={
19:         "LineChartColumn": st.column_config.LineChartColumn(
20:             "カラムに折れ線グラフを表示",
21:             y_min=0,
22:             y_max=100,
23:         ),
24:     },
25:     hide_index=True,
26: )
```

図3.59: st.column_config.LineChartColumn を使用したアプリケーション

st.column_config.LineChartColumn

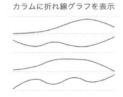

3.5.14　st.column_config.BarChartColumn

「st.dataframe」と「st.data_editor」で棒グラフを表示します。リスト型で与えた数値を棒グラフで出力します。

リスト3.93: st.column_config.BarChartColumn のフォーマット

```
st.column_config.BarChartColumn(label=None, *, width=None, help=None, y_min=None,
y_max=None)
```

3.5.14.1　label(str or None)

カラム名として表示されるテキストを指定します。デフォルトはNoneで、Noneの場合はカラム名がそのまま使用されます。

3.5.14.2　width("small", "medium", "large" or None)

カラム間の幅を指定します。「small」、「medium」、「large」を指定できます。デフォルトはNoneで、カラムのサイズはセル内の内容に合わせて調整されます。

3.5.14.3　help(str or None)

テキストを指定すると、カラム名の上にカーソルを置いた際に表示されるhelpテキストを設定できます。

3.5.14.4　y_min(int, float or None)

カラム内のY軸の最小値を指定します。たとえば、0を指定すると、全てのチャートのY軸は必ず0から始まります。デフォルトはNoneで、セル内のデータの最小値がY軸の最小値として使用されます。

3.5.14.5　y_max(int, float or None)

カラム内のY軸の最大値を指定します。たとえば、100を指定すると、全てのチャートのY軸は最大値100まで表示されます。デフォルトはNoneで、セル内のデータの最大値が自動的にY軸の最大値として使用されます。

リスト3.94: st.column_config.BarChartColumn を使用したアプリケーション

```
 1: import pandas as pd
 2: import streamlit as st
 3:
 4: # サンプルデータフレーム
 5: data_df = pd.DataFrame(
 6:     {
 7:         "BarChartColumn": [
 8:             [0, 4, 26, 80, 100, 40],
 9:             [80, 20, 80, 35, 40, 100],
10:             [10, 20, 80, 80, 70, 0],
11:             [10, 100, 20, 100, 30, 100],
12:         ],
13:     }
```

第3章　用意されている便利な関数　│　149

```
14: )
15:
16: st.title("st.column_config.BarChartColumn")
17: st.dataframe(
18:     data_df,
19:     column_config={
20:         "BarChartColumn": st.column_config.BarChartColumn(
21:             "カラムに棒グラフを表示",
22:             width="medium",
23:             y_min=0,
24:             y_max=100,
25:         ),
26:     },
27:     hide_index=True,
28: )
```

図 3.60: st.column_config.BarChartColumn を使用したアプリケーション

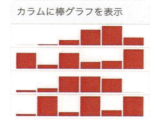

3.5.15　st.column_config.ProgressColumn

「st.dataframe」と「st.data_editor」でプログレスバーを表示します。プログレスバーは、数値データの進行状況を視覚的に表現するのに適しています。

リスト3.95: st.column_config.ProgressColumn のフォーマット

```
st.column_config.ProgressColumn(label=None, *, width=None, help=None,
format=None, min_value=None, max_value=None)
```

3.5.15.1 label(str or None)

カラム名として表示されるテキストを指定します。デフォルトはNoneで、Noneの場合はカラム名がそのまま使用されます。

3.5.15.2 width("small", "medium", "large" or None)

カラム間の幅を指定します。「small」、「medium」、「large」を指定できます。デフォルトはNoneで、カラムのサイズはセル内の内容に合わせて調整されます。

3.5.15.3 help(str or None)

テキストを指定すると、カラム名の上にカーソルを置いた際に表示されるhelpテキストを設定できます。

3.5.15.4 format(str or None)

数値の表示方法を制御します。%d、%e、%f、%g、%i、%uでの制御が可能です。接頭辞の指定も可能で「$%.2f」のようにすると、ドルの接頭辞が表示されます。

3.5.15.5 min_value(int, float or None)

プログレスバーの最小値を指定します。デフォルトはNoneで最小値は0になります。

3.5.15.6 max_value(int, float or None)

プログレスバーの最大値を指定します。デフォルトはNoneで、整数値の場合は100、浮動小数点値の場合は1になります。

リスト3.96: st.column_config.ProgressColumn を使用したアプリケーション

```
 1: import pandas as pd
 2: import streamlit as st
 3:
 4: # サンプルデータフレーム
 5: data_df = pd.DataFrame(
 6:     {
 7:         "ProgressColumn": [200, 550, 1000, 80],
 8:     }
 9: )
10:
11: st.title("st.column_config.ProgressColumn")
12: st.dataframe(
```

第3章 用意されている便利な関数 | 151

```
13:        data_df,
14:        column_config={
15:            "ProgressColumn": st.column_config.ProgressColumn(
16:                "カラムにプログレスバーを表示",
17:                format="$%f",
18:                min_value=0,
19:                max_value=1000,
20:            ),
21:        },
22:        hide_index=True,
23: )
```

図 3.61: st.column_config.ProgressColumn を使用したアプリケーション

3.6　インタラクティブなウィジェット

　アプリケーションの使用者が直感的に操作できる、インタラクティブなウィジェットを作成するための関数が用意されています。これらの関数を使うことで、アプリケーション使用者の操作に応じた動的なインターフェースを構築できます。以下は、主なインタラクティブウィジェットの関数です。

3.6.1 st.button

　クリックすることで、特定のアクションをトリガーできるボタンを作成します。このウィジェットはセッション状態を保持せず、ボタンをクリックするとTrueを返し、アプリケーション再実行時には必ずFalseに戻ります。そのため、「st.button」内にネストすることが推奨されているものは、「すぐに消える一時的なメッセージの表示」や「データをsession_stateやファイル、DBに保存するような1クリックごとの処理」などに限られています。逆に、ネストすることが非推奨とされているのは、「表示された項目を持続して保持する機能」、「使用時にスクリプトの再実行を起こす他のウィジェット」、「セッションの状態を変更する機能」、「ファイルやDBに書き込みを行わない処理」などです。(図3.62, 図3.63)

リスト3.97: st.buttonのフォーマット

```
st.button(label, key=None, help=None, on_click=None, args=None, kwargs=None, *,
type="secondary", disabled=False, use_container_width=False)
```

3.6.1.1　label(str)
　ボタンについての説明ラベルを指定できます。また、「:coffee:」などの絵文字のショートコードを記述することでアプリケーション上に絵文字を出力したり、「:color[テキスト]」を渡すことでテキストに色を付けたりすることも可能です。colorには「blue」、「green」、「orange」、「red」、「violet」、「gray/grey」、「rainbow」が指定できます。「$」や「$$」で囲むことで、LaTex関数を使用できます。

3.6.1.2　key(str or int)
　ウィジェットの固有キーとして使用する文字列または整数を指定できます。keyの指定を省略すると、ウィジェットのコンテンツに基づいてキーが生成されます。キーはsession_stateに渡します。同じタイプの複数のウィジェットは、同じキーを使用することができません。

3.6.1.3　help(str)
　テキストを指定すると、横にhelpとして表示することができます。

3.6.1.4　on_click(callable)
　関数を指定することでボタンをクリックしたときに、その関数を呼び出すことができます。

3.6.1.5　args(tuple)
　コールバック関数に渡すargs(タブル型で引数)を指定します。

3.6.1.6　kwargs(dict)
　コールバックに渡すkwargs(辞書型で引数)を指定します。

3.6.1.7　type("secondary" or "primary")
　ボタンのタイプを設定できます。強調したい場合は「primary」、強調しない場合は「secondary」

第3章　用意されている便利な関数　　153

を指定します。デフォルトは「secondary」です。

3.6.1.8　disabled(bool)

True にすると、チェックボックスに入力ができなくなります。デフォルトは False です。

3.6.1.9　use_container_width(bool)

True の場合、チャートの幅を親コンテナの幅に設定します。幅が親コンテナいっぱいに表示されます。

リスト 3.98: st.button を使用したアプリケーション

```
 1: import streamlit as st
 2:
 3: # アプリのタイトル
 4: st.title('st.button')
 5:
 6: # ボタン
 7: button_clicked = st.button("クリックしてください")
 8:
 9: # ボタンがクリックされたかどうかを表示
10: if button_clicked:
11:     st.write("ボタンがクリックされました")
12: else:
13:     st.write("ボタンはまだクリックされていません")
14:
```

図 3.62: ボタン操作前

st.button

クリックしてください

ボタンはまだクリックされていません

154　第3章　用意されている便利な関数

図3.63: ボタン操作後

st.button

クリックしてください

ボタンがクリックされました

3.6.2　st.download_button

ファイルダウンロードのためのボタンを作成します。このボタンをクリックすると、指定したファイルがPCにダウンロードされます(図3.64)。

ファイルはメモリー内に保存されるため、大きなファイルをダウンロードする場合、メモリー消費が問題になる可能性があります。数百メガバイト程度に抑えることが推奨されています。

リスト3.99: st.download_button のフォーマット

```
st.download_button(label, data, file_name=None, mime=None, key=None, help=None,
on_click=None, args=None, kwargs=None, *, type="secondary", disabled=False,
use_container_width=False)
```

3.6.2.1　label(str)

ボタンについての説明ラベルを指定できます。Markdownを使用することができ、太字、斜体、取り消し線、インラインコード、絵文字、リンクが使用できます。また、「:coffee:」などの絵文字のショートコードを記述することでアプリケーション上に絵文字を出力したり、「:color[テキスト]」を渡すことでテキストに色を付けたりすることも可能です。colorには「blue」、「green」、「orange」、「red」、「violet」、「gray/grey」、「rainbow」が指定できます。「$」や「$$」で囲むことで、LaTex関数を使用できます。

3.6.2.2　data (str or bytes or file)

ダウンロードするデータの内容を指定します。テキストデータやバイナリデータ、ファイルオブジェクトを指定できます。

第3章　用意されている便利な関数　　155

3.6.2.3　file_name (str)

ダウンロード時に使用されるファイル名を指定します(例：my_file.csv など)。指定しない場合は、ファイル名は自動で命名されてダウンロードされます。

3.6.2.4　mime (str or None)

データのMIMEのタイプを指定します。MIMEタイプはクライアントに対して転送する文書、ファイル、バイト列の性質や形式を示す機能です。[25]デフォルトはNoneで、データ型がstrまたはテキストファイルの場合は「text/plain」、データがbyteがまたはバイナリファイルの場合は「application/octet-stream」などを使用します。

3.6.2.5　key(str or int)

ウィジェットの固有キーとして使用する文字列または整数を指定できます。keyの指定を省略すると、ウィジェットのコンテンツに基づいてキーが生成されます。キーはsession_stateに渡します。同じタイプの複数のウィジェットは、同じキーを使用することができません。

3.6.2.6　help(str)

テキストを指定すると、横にhelpとして表示することができます。

3.6.2.7　on_click(callable)

関数を指定することでボタンをクリックしたときに、その関数を呼び出すことができます。

3.6.2.8　args(tuple)

コールバック関数に渡すargs(タプル型で引数)を指定します。

3.6.2.9　kwargs(dict)

コールバックに渡すkwargs(辞書型で引数)を指定します。

3.6.2.10　type("secondary" or "primary")

ボタンのタイプを設定できます。強調したい場合は「primary」、強調しない場合は「secondary」を指定します。

3.6.2.11　disabled(bool)

Trueに設定するとダウンロードボタンを無効にします。デフォルトはFalseです。

3.6.2.12　use_container_width(bool)

Trueの場合、チャートの幅を親コンテナの幅に設定します。幅が親コンテナいっぱいに表示されます。

25.https://developer.mozilla.org/ja/docs/Web/HTTP/Basics_of_HTTP/MIME_types

リスト3.100: st.download_button を使用したアプリケーション

```python
 1: import streamlit as st
 2: import pandas as pd
 3:
 4: # サンプルデータを作成
 5: data = {
 6:     '名前': ['タロウ', 'ジロウ', 'サブロウ'],
 7:     '年齢': [25, 30, 35],
 8:     '職業': ['エンジニア', 'デザイナー', 'マネージャー']
 9: }
10: df = pd.DataFrame(data)
11:
12: # Streamlitアプリのタイトル
13: st.title('st.download_button')
14:
15: # データフレームを表示
16: st.write('以下のデータをCSVとしてダウンロードできます。')
17: st.dataframe(df)
18:
19: # データフレームをCSV形式に変換
20: csv = df.to_csv(index=False)
21:
22: # JSONデータ
23: json_data = df.to_json(orient='records', force_ascii=False)
24:
25: col1, col2 = st.columns(2)
26:
27: with col1:
28:     # ダウンロードボタンを作成
29:     st.download_button(
30:         label='CSVファイルをダウンロード',
31:         data=csv,
32:         file_name='sample_data.csv',
33:         mime='text/csv'
34:     )
35:
36: with col2:
37:     # ダウンロードボタンを作成
38:     st.download_button(
39:         label='JSONファイルをダウンロード',
40:         data=json_data,
```

第3章 用意されている便利な関数　157

```
41:          file_name='sample_data.json',
42:          mime='application/json'
43:    )
```

図3.64: st.download_button を使用したアプリケーション

st.download_button

以下のデータをCSVとしてダウンロードできます:

	名前	年齢	職業
0	タロウ	25	エンジニア
1	ジロウ	30	デザイナー
2	サブロウ	35	マネージャー

CSVファイルをダウンロード　　　　　　JSONファイルをダウンロード

3.6.3　st.file_uploader

　ファイルをアップロードするためのウィジェットを作成します。デフォルトでは、アップロード可能なファイルのサイズは200MBに制限されています。「config.toml」の「server.maxUploadSize」オプションで上限を変更することができます。[26](図3.65)

リスト3.101: st.file_uploader のフォーマット

```
st.file_uploader(label, type=None, accept_multiple_files=False, key=None,
help=None, on_change=None, args=None, kwargs=None, *, disabled=False,
label_visibility="visible")
```

3.6.3.1　label(str)

　ファイルアップローダーについての説明ラベルを指定できます。Markdownを使用することができ、太字、斜体、取り消し線、インラインコード、絵文字、リンクが使用できます。また、「:coffee:」などの絵文字のショートコードを記述することでアプリケーション上に絵文字を出力したり、「:color[テキスト]」を渡すことでテキストに色を付けたりすることも可能です。colorには「blue」、「green」、「orange」、「red」、「violet」、「gray/grey」、「rainbow」が指定できます。「$」や「$$」で囲むことでLaTex関数を使用できます。

26.https://docs.streamlit.io/develop/api-reference/configuration/config.toml

158　　第3章　用意されている便利な関数

3.6.3.2　type(str or list of str, None)

許可するファイルの拡張子を配列で指定できます(例：['png', 'jpg']など)。デフォルトはNoneで、全てのファイルの拡張子が許可されます。

3.6.3.3　accept_multiple_file(bool)

Trueの場合は、アプリケーション使用者が複数のファイルを同時にアップロードすることを許可します。デフォルトはFalseです。

3.6.3.4　key(str or int)

ウィジェットの固有キーとして、使用する文字列または整数を指定できます。keyの指定を省略すると、ウィジェットのコンテンツに基づいてキーが生成されます。キーはsession_stateに渡します。同じタイプの複数のウィジェットは、同じキーを使用することができません。

3.6.3.5　help(str)

テキストを指定すると、横にhelpとして表示することができます。

3.6.3.6　on_change(callable)

関数を指定することでボタンをクリックしたときに、その関数を呼び出すことができます。

3.6.3.7　args(tuple)

コールバック関数に渡すargs(タプル型で引数)を指定します。

3.6.3.8　kwargs(dict)

コールバックに渡すkwargs(辞書型で引数)を指定します。

3.6.3.9　disabled(bool)

Trueにするとファイルをアップロードできなくなります。デフォルトはFalseです。

3.6.3.10　label_visibility("visible", "hidden", or "collapsed")

labelの表示方法の設定ができます。「visible」はlabelを表示し、「hidden」は表示しません。「collapsed」はlabelを表示しない上に、labelのスペースがなくなります。デフォルトは「visible」です。

リスト3.102: st.file_uploaderを使用したアプリケーション

```
1: import streamlit as st
2:
3: st.title("st.file_uploader")
4:
5: # ファイルアップロードウィジェットを作成
6: uploaded_file = st.file_uploader("ファイルをアップロードしてください", type=["csv",
"txt"])
```

```
 7:
 8:     # アップロードされたファイルがある場合、その内容を表示
 9:     if uploaded_file is not None:
10:         # テキストファイルの場合、内容を表示
11:         if uploaded_file.type == "text/plain":
12:             content = uploaded_file.read().decode("utf-8")
13:             st.text("アップロードされたテキストファイルの内容:")
14:             st.text(content)
15:
16:         # CSVファイルの場合、内容を表示
17:         elif uploaded_file.type == "text/csv":
18:             import pandas as pd
19:             df = pd.read_csv(uploaded_file)
20:             st.text("アップロードされたCSVファイルの内容:")
21:             st.dataframe(df)
```

図 3.65: st.file_uploader を使用したアプリケーション

3.6.4 st.link_button

クリックすると、指定されたURLにリダイレクトするボタンを作成します。外部リンクや他の
ページに簡単にアクセスを簡単に行うために便利です。(図3.66)

リスト3.103: st.link_button のフォーマット

```
st.link_button(label, url, *, help=None, type="secondary", disabled=False,
use_container_width=False)
```

3.6.4.1 label(str)

ボタンについての説明ラベルを指定できます。Markdownを使用することができ、太字、斜体、
取り消し線、インラインコード、絵文字、リンクが使用できます。また、「:coffee:」などの絵文字の
ショートコードを記述することでアプリケーション上に絵文字を出力したり、「:color[テキスト]」を
渡すことでテキストに色を付けたりすることも可能です。colorには「blue」、「green」、「orange」、
「red」、「violet」、「gray/grey」、「rainbow」が指定できます。「$」や「$$」で囲むことでLaTex関
数を使用できます。

3.6.4.2 url(str)

アプリケーション使用者がボタンをクリックしたときに遷移するURLを指定します。

3.6.4.3 help(str)

テキストを指定すると、横にhelpとして表示することができます。

3.6.4.4 type("secondary" or "primary")

ボタンのタイプを設定できます。強調したい場合は「primary」、強調しない場合は「secondary」
を指定します。

3.6.4.5 disabled(bool)

Trueに設定するとダウンロードボタンを無効にします。 デフォルトはFalseです。

3.6.4.6 use_container_width(bool)

Trueの場合、チャートの幅を親コンテナの幅に設定します。幅が親コンテナいっぱいに表示され
ます。

リスト3.104: st.link_button を使用したアプリケーション

```
1: import streamlit as st
2:
3: st.title("st.link_button")
4: st.write("ボタンをクリックするとStreamlitの公式ギャラリーに遷移します。")
5: st.link_button("Go to gallery", "https://streamlit.io/gallery")
```

第3章 用意されている便利な関数 | 161

図 3.66: st.link_button を使用したアプリケーション

st.link_button

ボタンをクリックするとStreamlitの公式ギャラリーに遷移します。

Go to gallery

3.6.5 st.text_input

アプリケーション使用者がテキストを入力できるテキストボックスを作成します。これは、アプリケーション使用者からの自由な入力を受け付ける際に便利です。(図 3.67, 図 3.68)

リスト 3.105: st.text_input のフォーマット

```
st.text_input(label, value="", max_chars=None, key=None, type="default",
help=None, autocomplete=None, on_change=None, args=None, kwargs=None, *,
placeholder=None, disabled=False, label_visibility="visible")
```

3.6.5.1 label(str)

テキストボックスについての説明ラベルを指定できます。Markdownを使用することができ、太字、斜体、取り消し線、インラインコード、絵文字、リンクが使用できます。また、「:coffee:」などの絵文字のショートコードを記述することでアプリケーション上に絵文字を出力したり、「:color[テキスト]」を渡すことでテキストに色を付けたりすることも可能です。color には「blue」、「green」、「orange」、「red」、「violet」、「gray/grey」、「rainbow」が指定できます。「$」や「$$」で囲むことでLaTex 関数を使用できます。

3.6.5.2 value(object or None)

最初にテキストボックスに入れておく値を指定できます。値は内部的に string 型とされます。

3.6.5.3 max_chars(int or None)

テキストボックスに入力できるテキストの最大値を指定できます。

3.6.5.4 key(str or int)

ウィジェットの固有キーとして使用する文字列または整数を指定できます。これを省略すると、

162　第3章　用意されている便利な関数

ウィジェットのコンテンツに基づいてキーが生成されます。キーは session_state に渡します。

3.6.5.5 type("default" or "password ")

テキストのタイプを設定できます。「default」を指定するとテキストボックスにテキストが表示され、「password」を指定するとテキストボックスにマスキングされたテキストが表示されます。

3.6.5.6 help(str)

テキストを指定すると、横に help として表示することができます。

3.6.5.7 autocomplete(str)

アプリケーション使用者が入力したことがあるテキストが補完されるように設定できます。

3.6.5.8 on_change(callable)

関数を指定することで、ウィジェットが更新されたときにその関数を呼び出すことができます。

3.6.5.9 args(tuple)

コールバック関数に渡す args(タプル型で引数) を指定します。

3.6.5.10 kwargs(dict)

コールバックに渡す kwargs(辞書型で引数) を指定します。

3.6.5.11 placeholder(str or None)

テキストボックスに何も入力していないときに表示させるテキストを設定できます。

3.6.5.12 disabled(bool)

True にするとテキストボックスに入力ができなくなります。デフォルトは False です。

3.6.5.13 label_visibility("visible", "hidden", or "collapsed")

label の表示方法の設定ができます。「visible」は label を表示し、「hidden」は表示しません。「collapsed」は label を表示しない上に、label のスペースがなくなります。デフォルトは「visible」です。

リスト 3.106: st.text_input を使用したアプリケーション

```
1: import streamlit as st
2:
3: # アプリのタイトル
4: st.title('st.text_input')
5:
6: # テキスト入力ボックス
7: user_input = st.text_input("テキストを入力してください", "")
8:
9: # 入力されたテキストを表示
```

第3章 用意されている便利な関数　163

```
10: st.write("入力したテキスト:", user_input)
```

図 3.67: テキストボックス入力前

st.text_input

テキストを入力してください

入力したテキスト:

図 3.68: テキストボックス入力後

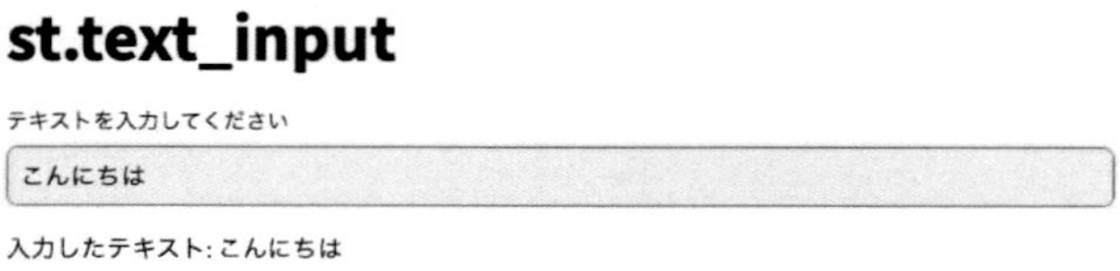

st.text_input

テキストを入力してください

こんにちは

入力したテキスト: こんにちは

3.6.6 st.text_area

　複数行のテキストを入力するためのテキストボックスを作成します。このウィジェットを使うことで、アプリケーション使用者が長文や複数行のテキストを入力できるインターフェースを提供することができます。(図 3.69, 図 3.70)

リスト 3.107: st.text_area のフォーマット

```
st.text_area(label, value="", height=None, max_chars=None, key=None, help=None,
on_change=None, args=None, kwargs=None, *, placeholder=None, disabled=False,
label_visibility="visible")
```

164 　第 3 章　用意されている便利な関数

3.6.6.1　label(str)

テキストボックスについての説明ラベルを指定できます。Markdownを使用することができ、太字、斜体、取り消し線、インラインコード、絵文字、リンクが使用できます。また、「:coffee:」などの絵文字のショートコードを記述することでアプリケーション上に絵文字を出力したり、「:color[テキスト]」を渡すことでテキストに色を付けたりすることも可能です。colorには「blue」、「green」、「orange」、「red」、「violet」、「gray/grey」、「rainbow」が指定できます。「$」や「$$」で囲むことでLaTex関数を使用できます。

3.6.6.2　value(object or None)

最初にテキストボックスに入れておく値を指定できます。値は内部的にstring型になります。Noneを指定するとアプリケーション使用者が入力をするまで空文字列を初期化してNoneを返します。デフォルトは空の文字列です。

3.6.6.3　height(int or None)

テキストボックスの高さを指定します。Noneの場合はデフォルトの高さが設定されます。

3.6.6.4　max_chars(int or None)

テキストボックスに入力できるテキストの最大値を指定できます。

3.6.6.5　key(str or int)

ウィジェットの固有キーとして、使用する文字列または整数を指定できます。これを省略すると、ウィジェットのコンテンツに基づいてキーが生成されます。キーはsession_stateに渡します。

3.6.6.6　help(str)

テキストを指定すると、横にhelpとして表示することができます。

3.6.6.7　on_change(callable)

関数を指定することで、ウィジェットが更新されたときにその関数を呼び出すことができます。

3.6.6.8　args(tuple)

コールバック関数に渡すargs(タプル型で引数)を指定します。

3.6.6.9　kwargs(dict)

コールバックに渡すkwargs(辞書型で引数)を指定します。

3.6.6.10　placeholder(str or None)

テキストボックスに何も入力していないときに表示させるテキストを設定できます。

3.6.6.11　disabled(bool)

Trueにするとテキストボックスに入力ができなくなります。デフォルトはFalseです。

3.6.6.12　label_visibility("visible", "hidden" or "collapsed")

labelの表示方法の設定ができます。「visible」はlabelを表示し、「hidden」は表示しません。「collapsed」はlabelを表示しない上に、labelのスペースがなくなります。デフォルトは「visible」です。

リスト3.108: st.text_area を使用したアプリケーション

```
 1: import streamlit as st
 2:
 3: # アプリのタイトル
 4: st.title('st.text_area')
 5:
 6: # テキスト入力ボックス
 7: user_input = st.text_area("テキストを入力してください", "")
 8:
 9: # 入力されたテキストを表示
10: st.write("入力したテキスト:", user_input)
```

図3.69: st.text_area を使用したアプリケーション(操作前)

図3.70: st.text_area を使用したアプリケーション(操作後)

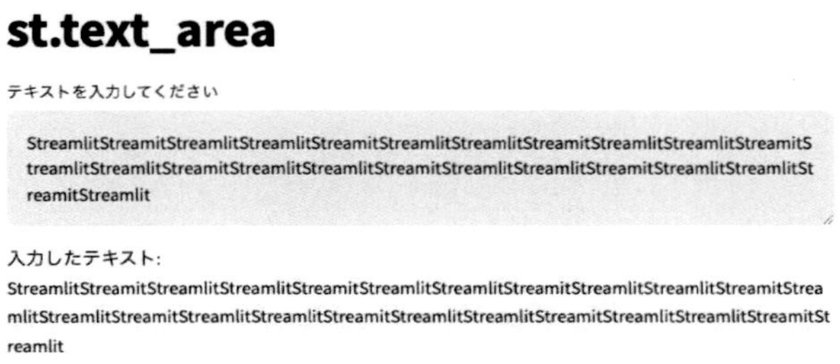

st.text_area

テキストを入力してください

StreamlitStreamitStreamlitStreamitStreamlitStreamitStreamlitStreamitStreamlitStreamitS
treamlitStreamlitStreamitStreamlitStreamitStreamlitStreamitStreamlitStreamlitSt
reamitStreamlit

入力したテキスト:
StreamlitStreamitStreamlitStreamitStreamlitStreamitStreamlitStreamitStreamlitStrea
mlitStreamitStreamlitStreamitStreamlitStreamitStreamlitStreamitStreamlitStreamitSt
reamlit

3.6.7 st.checkbox

アプリケーション使用者がオン・オフの選択を行うチェックボックスを作成します。アプリケーション使用者の選択に基づいて動的なコンテンツを表示したり、特定のオプションを選択できるようになります。(図3.71, 図3.72)

リスト3.109: st.checkbox のフォーマット

```
st.checkbox(label, value=False, key=None, help=None, on_change=None, args=None,
kwargs=None, *, disabled=False, label_visibility="visible")
```

3.6.7.1 label(str)

チェックボックスについての説明ラベルを指定できます。Markdownを使用することができ、太字、斜体、取り消し線、インラインコード、絵文字、リンクが使用できます。また、「:coffee:」などの絵文字のショートコードを記述することでアプリケーション上に絵文字を出力したり、「:color[テキスト]」を渡すことでテキストに色を付けたりすることも可能です。colorには「blue」、「green」、「orange」、「red」、「violet」、「gray/grey」、「rainbow」が指定できます。「$」や「$$」で囲むことで、LaTex関数を使用できます。

3.6.7.2 value(bool)

最初にチェックボックスに入れておく値を指定できます。この値は内部的にbool型として扱われます。デフォルトはFalseです。

3.6.7.3 key(str or int)

ウィジェットの固有キーとして使用する文字列または整数を指定できます。これを省略すると、ウィジェットのコンテンツに基づいてキーが生成されます。キーはsession_stateに渡します。

第3章 用意されている便利な関数 167

3.6.7.4 help(str)

テキストを指定すると、横にhelpとして表示することができます。

3.6.7.5 on_change(callable)

関数を指定することで、ウィジェットが更新されたときにその関数を呼び出すことができます。

3.6.7.6 args(tuple)

コールバック関数に渡すargs(タプル型で引数)を指定します。

3.6.7.7 kwargs(dict)

コールバックに渡すkwargs(辞書型で引数)を指定します。

3.6.7.8 disabled(bool)

Trueにすると、チェックボックスに入力ができなくなります。デフォルトはFalseです。

3.6.7.9 label_visibility("visible", "hidden" or "collapsed")

labelの表示方法の設定ができます。「visible」はlabelを表示し、「hidden」は表示しません。「collapsed」はlabelを表示しない上に、labelのスペースがなくなります。デフォルトは「visible」です。

リスト3.110: st.checkbox を使用したアプリケーション

```
 1: import streamlit as st
 2:
 3: # アプリケーションのタイトルを設定
 4: st.title("st.checkbox")
 5:
 6: # チェックボックスを作成
 7: agree = st.checkbox('チェックボックスのテスト')
 8:
 9: # チェックボックスの状態に基づいてメッセージを表示
10: if agree:
11:     st.write("チェックボックスがオンになっています。")
12: else:
13:     st.write("チェックボックスがオフになっています。")
```

図3.71: st.checkbox を使用したアプリケーション (操作前)

st.checkbox

☐ チェックボックスのテスト

チェックボックスがオフになっています。

図3.72: st.checkbox を使用したアプリケーション (操作後)

st.checkbox

☑ チェックボックスのテスト

チェックボックスがオンになっています。

3.6.8　st.toggle

　アプリケーション使用者がオン・オフの選択を行うトグルスイッチを作成します。アプリケーション使用者の選択に基づいて動的なコンテンツを表示したり、特定のオプションを選択できるようになります。(図3.73, 図3.74)

リスト3.111: st.toggle のフォーマット

```
st.toggle(label, value=False, key=None, help=None, on_change=None, args=None,
kwargs=None, *, disabled=False, label_visibility="visible")
```

3.6.8.1　label(str)

　トグルスイッチについての説明ラベルを指定できます。Markdown を使用することができ、太字、

第3章　用意されている便利な関数　│　169

斜体、取り消し線、インラインコード、絵文字、リンクが使用できます。また、「:coffee:」などの絵文字のショートコードを記述することでアプリケーション上に絵文字を出力したり、「:color[テキスト]」を渡すことでテキストに色を付けたりすることも可能です。colorには「blue」、「green」、「orange」、「red」、「violet」、「gray/grey」、「rainbow」が指定できます。「$」や「$$」で囲むことでLaTex関数を使用できます。

3.6.8.2 value(bool)

最初にトグルスイッチに入れておく値を指定できます。この値は内部的にbool型として扱われます。デフォルトはFalseです。

3.6.8.3 key(str or int)

ウィジェットの固有キーとして使用する文字列または整数を指定できます。これを省略すると、ウィジェットのコンテンツに基づいてキーが生成されます。キーはsession_stateに渡します。

3.6.8.4 help(str)

テキストを指定すると、横にhelpとして表示することができます。

3.6.8.5 on_change(callable)

関数を指定することで、ウィジェットが更新されたときにその関数を呼び出すことができます。

3.6.8.6 args(tuple)

コールバック関数に渡すargs(タプル型で引数)を指定します。

3.6.8.7 kwargs(dict)

コールバックに渡すkwargs(辞書型で引数)を指定します。

3.6.8.8 disabled(bool)

Trueにすると、トグルスイッチに入力ができなくなります。デフォルトはFalseです。

3.6.8.9 label_visibility("visible", "hidden" or "collapsed")

labelの表示方法の設定ができます。「visible」はlabelを表示し、「hidden」は表示しません。「collapsed」はlabelを表示しない上に、labelのスペースがなくなります。デフォルトは「visible」です。

リスト3.112: st.toggle を使用したアプリケーション

```
1: import streamlit as st
2:
3: # アプリケーションのタイトルを設定
4: st.title("st.toggle")
5:
6: # トグルスイッチのテスト
```

```
 7: agree = st.toggle('トグルスイッチのテスト')
 8:
 9: # トグルスイッチの状態に基づいてメッセージを表示
10: if agree:
11:     st.write("トグルスイッチがオンになっています。")
12: else:
13:     st.write("トグルスイッチがオフになっています。")
```

図3.73: st.toggle を使用したアプリケーション (操作前)

図3.74: st.toggle を使用したアプリケーション (操作後)

3.6.9　st.radio

　選択肢のリストからひとつを選択するためのラジオボタンを作成します。このウィジェットを使うと、アプリケーション使用者が複数のオプションからひとつだけ選択するようなインターフェースを提供することができます。(図3.75)

リスト3.113: st.radioのフォーマット

```
st.radio(label, options, index=0, format_func=special_internal_function,
key=None, help=None, on_change=None, args=None, kwargs=None, *, disabled=False,
horizontal=False, captions=None, label_visibility="visible")
```

3.6.9.1　label(str)

　ラジオボタンについての説明ラベルを指定できます。Markdownを使用することができ、太字、斜体、取り消し線、インラインコード、絵文字、リンクが使用できます。また、「:coffee:」などの絵文字のショートコードを記述することでアプリケーション上に絵文字を出力したり、「:color[テキスト]」を渡すことでテキストに色を付けたりすることも可能です。colorには「blue」、「green」、「orange」、「red」、「violet」、「gray/grey」、「rainbow」が指定できます。「$」や「$$」で囲むことで、LaTex関数を使用できます。

3.6.9.2　options(Iterable)

　トグルスイッチの選択肢をリスト型などで指定できます。

3.6.9.3　Index(int or None)

　ラジオボタンのリストからデフォルトで選択される項目を指定するために使用されます。たとえば、「index=1」としておくと、「options」に渡してあるリストの中の2番目の選択肢がデフォルトで選択されている状態で表示されます。デフォルトは「index=0」となっております。

3.6.9.4　format_func(function)

　ラジオボタンのリストを選択肢として表示されるときに、表示される形式を変更するための関数を指定します。表示する形式を変更するだけのため、戻り値には影響しません。

3.6.9.5　key(str or int)

　ウィジェットの固有キーとして使用する文字列または整数を指定できます。これを省略すると、ウィジェットのコンテンツに基づいてキーが生成されます。キーはsession_stateに渡します。

3.6.9.6　help(str)

　テキストを指定すると、横にhelpとして表示することができます。

3.6.9.7　on_change(callable)

　関数を指定することで、ウィジェットが更新されたときにその関数を呼び出すことができます。

3.6.9.8　args(tuple)

　コールバック関数に渡すargs(タプル型で引数)を指定します。

3.6.9.9　kwargs(dict)

　コールバックに渡すkwargs(辞書型で引数)を指定します。

172　　第3章　用意されている便利な関数

3.6.9.10 disabled(bool)

Trueにすると、テキストボックスに入力ができなくなります。デフォルトはFalseです。

3.6.9.11 horizontal(bool)

Trueにすると、ラジオボタンが横並びに表示されます。デフォルトはFalseで、ラジオボタンは縦に並んで表示されます。

3.6.9.12 captions(iterable of str or None)

各ラジオボタンの下に表示するキャプションのリストを指定します。デフォルトはNoneで、キャプションは表示されません。

3.6.9.13 label_visibility("visible", "hidden" or "collapsed")

labelの表示方法の設定ができます。「visible」はlabelを表示し、「hidden」は表示しません。「collapsed」はlabelを表示しない上に、labelのスペースがなくなります。デフォルトは「visible」です。

リスト3.114: st.radioを使用したアプリケーション

```
 1: import streamlit as st
 2:
 3: st.title("st.radio")
 4:
 5: # 選択肢の定義
 6: options = ["Tokyo", "Kyoto", "Okinawa", "Hokkaido"]
 7: captions = [
 8:     "日本の首都です。",
 9:     "歴史的な寺院や美しい庭園が多くある古都です。",
10:     "美しいビーチと豊かな文化を持つ南国の楽園です。",
11:     "壮大な自然と美味しい食べ物が魅力の北の大地です。"
12: ]
13:
14: # ラジオボタンの表示
15: selected_option = st.radio(
16:     label="旅行先を選んでください：",
17:     options=options,
18:     index=0,
19:     captions=captions
20: )
21:
22: # 選択された旅行先の表示
23: st.write(f"あなたが選んだ旅行先は：{selected_option}です。")
24:
```

第3章　用意されている便利な関数　173

図 3.75: st.radio を使用したアプリケーション

st.radio

旅行先を選んでください：

● Tokyo
日本の首都で、最新の技術と伝統が融合した都市です。

○ Kyoto
歴史的な寺院や美しい庭園が多くある古都です。

○ Okinawa
美しいビーチと豊かな文化を持つ南国の楽園です。

○ Hokkaido
壮大な自然と美味しい食べ物が魅力の北の大地です。

あなたが選んだ旅行先は: Tokyo です。

3.6.10　st.selectbox

選択肢からひとつを選択するためのセレクトボックスを作成します。アプリケーション使用者はドロップダウンメニューから選択肢を見て、必要に応じて選択することができます。(図 3.76, 図 3.77)

リスト 3.115: st.selectbox のフォーマット

```
st.selectbox(label, options, index=0, format_func=special_internal_function,
key=None, help=None, on_change=None, args=None, kwargs=None, *,
placeholder="Choose an option", disabled=False, label_visibility="visible")
```

3.6.10.1　label(str)

セレクトボックスについての説明ラベルを指定できます。Markdown を使用することができ、太字、斜体、取り消し線、インラインコード、絵文字、リンクが使用できます。また、「:coffee:」などの絵文字のショートコードを記述することでアプリケーション上に絵文字を出力したり、「:color[テキスト]」を渡すことでテキストに色を付けたりすることも可能です。color には「blue」、「green」、「orange」、「red」、「violet」、「gray/grey」、「rainbow」が指定できます。「$」や「$$」で囲むことで LaTex 関数を使用できます。

3.6.10.2　options(Iterable or None)

セレクトボックスの選択肢をリスト型などで指定できます。

174　第 3 章　用意されている便利な関数

3.6.10.3 index(int)

セレクトボックスのリストからデフォルトで選択される項目を指定するために使用されます。たとえば、「index=1」としておくと、「options」に渡してあるリストの中の2番目の選択肢がデフォルトで選択されている状態で表示されます。デフォルトは「index=0」となっております。

3.6.10.4 format_func(function)

セレクトボックスのリストを選択肢として表示されるときに、表示される形式を変更するための関数を指定します。表示する形式を変更するだけのため、戻り値には影響しません。

3.6.10.5 key(str or int)

ウィジェットの固有キーとして使用する文字列または整数を指定できます。これを省略すると、ウィジェットのコンテンツに基づいてキーが生成されます。キーはsession_stateに渡します。

3.6.10.6 help(str)

テキストを指定すると、横にhelpとして表示することができます。

3.6.10.7 on_change(callable)

関数を指定することで、ウィジェットが更新されたときにその関数を呼び出すことができます。

3.6.10.8 args(tuple)

コールバック関数に渡すargs(タプル型で引数)を指定します。

3.6.10.9 kwargs(dict)

コールバックに渡すkwargs(辞書型で引数)を指定します。

3.6.10.10 placeholder(str)

オプションが選択されていないときに表示する文字列を指定します。「index = None」に設定しておくと、表示されるようになります。デフォルトは「Choose an option」です。

3.6.10.11 disabled(bool)

Trueにすると、テキストボックスに入力ができなくなります。デフォルトはFalseです。

3.6.10.12 label_visibility("visible", "hidden" or "collapsed")

labelの表示方法の設定ができます。「visible」はlabelを表示し、「hidden」は表示しません。「collapsed」はlabelを表示しない上に、labelのスペースがなくなります。デフォルトは「visible」です。

リスト3.116: st.selectbox を使用したアプリケーション

```
1: import streamlit as st
2:
3: # アプリケーションのタイトルを設定
```

第3章 用意されている便利な関数 | 175

```
 4: st.title("st.selectbox")
 5:
 6: # 選択肢のリストを定義
 7: prefectures = ["tokyo", "kyoto", "okinawa", "hokkaido"]
 8:
 9: # フォーマット関数を定義
10: def capitalize_location(location):
11:     # 最初の文字を大文字にする
12:     return location.capitalize()
13:
14: # ラジオボタンを作成し、フォーマット関数とキャプションを適用
15: option = st.selectbox(
16:     "旅行先を選んでください:",
17:     options=prefectures,
18:     format_func=capitalize_location,
19:     index=None,
20:     placeholder="選択してください"
21: )
22:
23: # 選択した旅行先を表示
24: st.write(f"あなたが選んだ旅行先は: {option} です。")
```

図3.76: st.selectbox を使用したアプリケーション(操作前)

st.selectbox

旅行先を選んでください:

選択してください ⌄

あなたが選んだ旅行先は: None です。

176　第3章　用意されている便利な関数

図3.77: st.selectbox を使用したアプリケーション(操作後)

3.6.11 st.multiselect

　選択肢から、複数選択が可能なマルチセレクトボックスを作成します。「st.selectbox」はひとつし
か要素を選択できませんでしたが、「st.multiselect」は複数の要素を選択できます (図3.78, 図3.79)。

リスト 3.117: st.multiselect のフォーマット

```
st.multiselect(label, options, default=None, format_func=special_internal_functi
on, key=None, help=None, on_change=None, args=None, kwargs=None, *,
max_selections=None, placeholder="Choose an option", disabled=False,
label_visibility="visible")
```

3.6.11.1　label(str)

　マルチセレクトボックスについての説明ラベルを指定できます。Markdownを使用することができ
き、太字、斜体、取り消し線、インラインコード、絵文字、リンクが使用できます。また、「:coffee:」な
どの絵文字のショートコードを記述することでアプリケーション上に絵文字を出力したり、「:color[テ
キスト]」を渡すことでテキストに色を付けたりすることも可能です。colorには「blue」、「green」、
「orange」、「red」、「violet」、「gray/grey」、「rainbow」が指定できます。「$」や「$$」で囲むこと
で、LaTex関数を使用できます。

3.6.11.2　options(Iterable or None)

　マルチセレクトボックスの選択肢をリスト型などで指定できます。

3.6.11.3　default(Iterable of V, V or None)

　デフォルトで設定しておく値をリスト形式または、単一の値で指定します。

第3章　用意されている便利な関数 | 177

3.6.11.4 format_func(function)

マルチセレクトボックスのリストを選択肢として表示されるときに、表示される形式を変更するための関数を指定します。表示する形式を変更するだけのため、戻り値には影響しません。

3.6.11.5 key(str or int)

ウィジェットの固有キーとして使用する文字列または整数を指定できます。これを省略すると、ウィジェットのコンテンツに基づいてキーが生成されます。キーはsession_stateに渡します。

3.6.11.6 help(str)

テキストを指定すると、横にhelpとして表示することができます。

3.6.11.7 on_change(callable)

関数を指定することで、ウィジェットが更新されたときにその関数を呼び出すことができます。

3.6.11.8 args(tuple)

コールバック関数に渡すargs(タプル型で引数)を指定します。

3.6.11.9 kwargs(dict)

コールバックに渡すkwargs(辞書型で引数)を指定します。

3.6.11.10 max_selections(int)

同時に選択できる選択肢の数を指定します。

3.6.11.11 placeholder(str)

オプションが選択されていないときに、表示する文字列を指定します。「index = None」に設定しておくと、表示されるようになります。デフォルトは「Choose an option」です。

3.6.11.12 disabled(bool)

Trueにすると、テキストボックスに入力ができなくなります。デフォルトはFalseです。

3.6.11.13 label_visibility("visible", "hidden" or "collapsed")

labelの表示方法の設定ができます。「visible」はlabelを表示し、「hidden」は表示しません。「collapsed」はlabelを表示しない上に、labelのスペースがなくなります。デフォルトは「visible」です。

リスト3.118: st.multiselectを使用したアプリケーション

```
1: import streamlit as st
2:
3: # アプリケーションのタイトルを設定
4: st.title("st.multiselect")
5:
```

```
 6: # 選択肢のリストを定義
 7: prefectures = ["tokyo", "kyoto", "okinawa", "hokkaido"]
 8:
 9: # フォーマット関数を定義
10: def capitalize_location(location):
11:     # 最初の文字を大文字にする
12:     return location.capitalize()
13:
14: # ラジオボタンを作成し、フォーマット関数とキャプションを適用
15: option = st.multiselect(
16:     "旅行先を選んでください:",
17:     options=prefectures,
18:     format_func=capitalize_location,
19:     placeholder="選択してください"
20: )
21:
22: # 選択した旅行先を表示
23: st.write(f"あなたが選んだ旅行先は: {option} です。")
```

図 3.78: st.multiselect を使用したアプリケーション (操作前)

st.multiselect

旅行先を選んでください:

選択してください   ⌄

あなたが選んだ旅行先は: [] です。

第3章　用意されている便利な関数 | 179

図 3.79: st.multiselect を使用したアプリケーション (操作後)

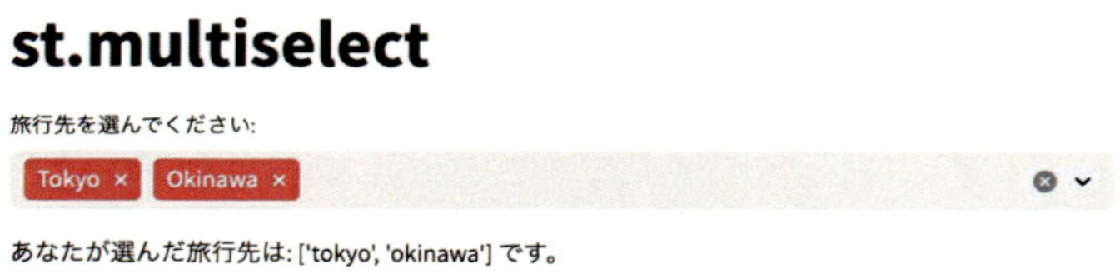

st.multiselect

旅行先を選んでください:

`Tokyo ×` `Okinawa ×`

あなたが選んだ旅行先は: ['tokyo', 'okinawa'] です。

3.6.12 st.slider

数値や日付、時刻を選択するためのスライダーを作成します。指定した範囲内で値をスライドさせることで、アプリケーション使用者が値を選択できるようにします。int、float、date、time、datetime をサポートしています (図 3.80, 図 3.81)。

リスト 3.119: st.slider のフォーマット

```
st.slider(label, min_value=None, max_value=None, value=None, step=None,
format=None, key=None, help=None, on_change=None, args=None, kwargs=None, *,
disabled=False, label_visibility="visible")
```

3.6.12.1 label(str)

スライダーについての説明ラベルを指定できます。Markdown を使用することができ、太字、斜体、取り消し線、インラインコード、絵文字、リンクが使用できます。また、「:coffee:」などの絵文字のショートコードを記述することでアプリケーション上に絵文字を出力したり、「:color[テキスト]」を渡すことでテキストに色を付けたりすることも可能です。color には「blue」、「green」、「orange」、「red」、「violet」、「gray/grey」、「rainbow」が指定できます。「$」や「$$」で囲むことで、LaTex 関数を使用できます。

3.6.12.2 min_value(a supported type or None)

最小値を設定できます。デフォルトは値が int の場合は 0、float の場合は 0.0、date や datetime の場合は 14 日前、time の場合は 00:00:00 となります。

3.6.12.3 max_value(a supported type or None)

最大値を設定できます。デフォルトは値が int の場合は 100、float の場合は 1.0、date や datetime の場合は 14 日後、time の場合は 23:59:59.999999 となります。

180　第 3 章　用意されている便利な関数

3.6.12.4 value(a supported type or a tuple/list of supported types or None)

スライダーに最初に与えておく値を設定できます。タプルやリストで渡すことができます。たとえば、(1,10)で渡せば、1~10の範囲となります。

3.6.12.5 step(int or float or timedelta or None)

スライダーの間隔を設定できます。デフォルトは値がintの場合は1、floatの場合は0.01、dateやdatetimeの場合は1日、timeの場合は15分となります。

3.6.12.6 format(str or None)

スライダー上の数値をどのように表示するかを設定できます。これは返り値には影響しません。Moment.js記法を使用します。[27]

3.6.12.7 key(str or int)

ウィジェットの固有キーとして使用する文字列または整数を指定できます。これを省略すると、ウィジェットのコンテンツに基づいてキーが生成されます。キーはsession_stateに渡します。

3.6.12.8 help(str)

テキストを指定すると、横にhelpとして表示することができます。

3.6.12.9 on_change(callable)

関数を指定することで、ウィジェットが更新されたときにその関数を呼び出すことができます。

3.6.12.10 args(tuple)

コールバック関数に渡すargs(タプル型で引数)を指定します。

3.6.12.11 kwargs(dict)

コールバックに渡すkwargs(辞書型で引数)を指定します。

3.6.12.12 disabled(bool)

Trueにすると、テキストボックスに入力ができなくなります。デフォルトはFalseです。

3.6.12.13 label_visibility("visible", "hidden" or "collapsed")

labelの表示方法の設定ができます。「visible」はlabelを表示し、「hidden」は表示しません。「collapsed」はlabelを表示しない上に、labelのスペースがなくなります。デフォルトは「visible」です。

27.https://momentjs.com/docs/#/displaying/format/

リスト 3.120: st.slider を使用したアプリケーション

```
1: import streamlit as st
2:
3: st.title("st.slider")
4:
5: # スライダーウィジェットを表示
6: age = st.slider('年齢を選択してください:', 0, 120, 25)
7:
8: # 選択された値を表示
9: st.write(f'あなたの年齢は {age} 歳です。')
```

図 3.80: st.slider を使用したアプリケーション (操作前)

図 3.81: st.slider を使用したアプリケーション (操作後)

3.6.13 st.select_slider

指定したオプションのリストからひとつ、または複数の値を選択できるスライダーウィジェットを作成します。「st.slider」と似ていますが、「st.select_slider」は数値だけでなく文字列などのデータ型も指定できます(図3.82, 図3.83)。

リスト3.121: st.select_slider を使用したフォーマット

```
st.select_slider(label, options=(), value=None, format_func=special_internal_funct
ion, key=None, help=None, on_change=None, args=None, kwargs=None, *,
disabled=False, label_visibility="visible")
```

3.6.13.1 label(str)

セレクトスライダーについての説明ラベルを指定できます。Markdownを使用することができ、太字、斜体、取り消し線、インラインコード、絵文字、リンクが使用できます。また、「:coffee:」などの絵文字のショートコードを記述することでアプリケーション上に絵文字を出力したり、「:color[テキスト]」を渡すことでテキストに色を付けたりすることも可能です。colorには「blue」、「green」、「orange」、「red」、「violet」、「gray/grey」、「rainbow」が指定できます。「$」や「$$」で囲むことで、LaTex関数を使用できます。

3.6.13.2 options(Iterable)

セレクトスライダーの選択肢をリスト型などで指定できます。

3.6.13.3 value(a supported type or a tuple/list of supported types or None)

セレクトスライダーに最初に与えておく値を設定できます。タプルやリストで渡すことができます。たとえば、(1,10)で渡せば、1~10の範囲となります。

3.6.13.4 format_func(function)

マルチセレクトボックスのリストを選択肢として表示されるときに、表示される形式を変更するための関数を指定します。表示する形式を変更するだけのため、戻り値には影響しません。

3.6.13.5 key(str or int)

ウィジェットの固有キーとして、使用する文字列または整数を指定できます。これを省略すると、ウィジェットのコンテンツに基づいてキーが生成されます。キーはsession_stateに渡します。

3.6.13.6 help(str)

テキストを指定すると、横にhelpとして表示することができます。

3.6.13.7 on_change(callable)

関数を指定することで、ウィジェットが更新されたときにその関数を呼び出すことができます。

3.6.13.8 args(tuple)

コールバック関数に渡すargs(タプル型で引数)を指定します。

3.6.13.9 kwargs(dict)

コールバックに渡すkwargs(辞書型で引数)を指定します。

3.6.13.10 disabled(bool)

Trueにすると、テキストボックスに入力ができなくなります。デフォルトはFalseです。

3.6.13.11 label_visibility("visible", "hidden" or "collapsed")

labelの表示方法の設定ができます。「visible」はlabelを表示し、「hidden」は表示しません。「collapsed」はlabelを表示しない上に、labelのスペースがなくなります。デフォルトは「visible」です。

リスト3.122: st.select_slider を使用したアプリケーション

```
 1: import streamlit as st
 2:
 3: st.title("st.select_slider")
 4:
 5: # 選択肢のリストを定義
 6: options = ["低", "中", "高"]
 7:
 8: # セレクトスライダーウィジェットを表示
 9: level = st.select_slider('レベルを選択してください:', options)
10:
11: # 選択された値を表示
12: st.write(f'選択されたレベル: {level}')
```

184 | 第3章 用意されている便利な関数

図 3.82: st.select_slider を使用したアプリケーション (操作前)

図 3.83: st.select_slider を使用したアプリケーション (操作後)

3.6.14 st.color_picker

　色を選択できるカラーピッカーホイジェットを作成します。色の選択をさせたい場合に非常に便利です。グラフの色をインタラクティブに変更することも可能です (図 3.84, 図 3.85)。

リスト3.123: st.color_picker のフォーマット

```
st.color_picker(label, value=None, key=None, help=None, on_change=None,
args=None, kwargs=None, *, disabled=False, label_visibility="visible")
```

3.6.14.1 label(str)

セレクトスライダーについての説明ラベルを指定できます。Markdownを使用することができ、太字、斜体、取り消し線、インラインコード、絵文字、リンクが使用できます。また、「:coffee:」などの絵文字のショートコードを記述することでアプリケーション上に絵文字を出力したり、「:color[テキスト]」を渡すことでテキストに色を付けたりすることも可能です。colorには「blue」、「green」、「orange」、「red」、「violet」、「gray/grey」、「rainbow」が指定できます。「\$」や「\$\$」で囲むことで、LaTex関数を使用できます。

3.6.14.2 value(str)

スライダーに最初に与えておく値を設定できます。タプルやリストで渡すことができます。たとえば、(1,10)で渡せば、1~10の範囲となります。

3.6.14.3 key(str or int)

ウィジェットの固有キーとして使用する文字列、または整数を指定できます。これを省略すると、ウィジェットのコンテンツに基づいてキーが生成されます。キーはsession_stateに渡します。

3.6.14.4 help(str)

テキストを指定すると、横にhelpとして表示することができます。

3.6.14.5 on_change(callable)

関数を指定することで、ウィジェットが更新されたときにその関数を呼び出すことができます。

3.6.14.6 args(tuple)

コールバック関数に渡すargs(タプル型で引数)を指定します。

3.6.14.7 kwargs(dict)

コールバックに渡すkwargs(辞書型で引数)を指定します。

3.6.14.8 disabled(bool)

Trueにすると、テキストボックスに入力ができなくなります。デフォルトはFalseです。

3.6.14.9 label_visibility("visible", "hidden" or "collapsed")

labelの表示方法の設定ができます。「visible」はlabelを表示し、「hidden」は表示しません。「collapsed」はlabelを表示しない上に、labelのスペースがなくなります。デフォルトは「visible」です。

リスト 3.124: st.color_picker を使用したアプリケーション

```python
 1: import streamlit as st
 2: import pandas as pd
 3: import matplotlib.pyplot as plt
 4:
 5:
 6: st.title('st.color_picker')
 7:
 8: # サンプルデータを作成
 9: data = {
10:     'カテゴリー': ['A', 'B', 'C', 'D'],
11:     '値': [10, 20, 30, 40]
12: }
13: df = pd.DataFrame(data)
14:
15: # カラーピッカーを使って色を選択
16: bar_color = st.color_picker('棒グラフの色を選んでください', '#00f900')
17:
18: # グラフを作成
19: fig, ax = plt.subplots()
20: ax.bar(df['カテゴリー'], df['値'], color=bar_color)
21:
22: # Streamlitでグラフを表示
23: st.pyplot(fig)
```

第3章　用意されている便利な関数 187

図3.84: st.color_picker を使用したアプリケーション (操作前)

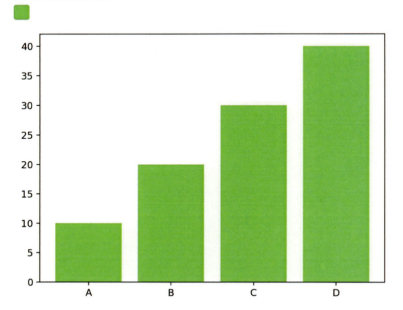

図 3.85: st.color_picker を使用したアプリケーション(操作後)

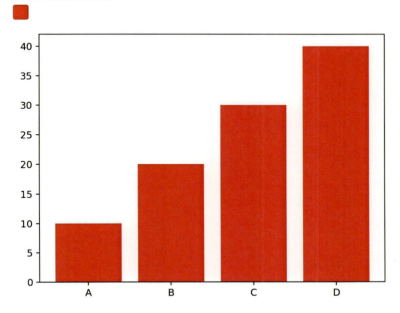

3.6.15　st.number_input

数値を入力できるウィジェットを作成します。整数や小数の入力を受け付けることができます(図3.86, 図3.87)。

リスト 3.125: st.number_input を使用したアプリケーション

```
st.number_input(label, min_value=None, max_value=None, value="min", step=None,
format=None, key=None, help=None, on_change=None, args=None, kwargs=None, *,
placeholder=None, disabled=False, label_visibility="visible")
```

3.6.15.1　label(str)

ウィジェットについての説明ラベルを指定できます。Markdownを使用することができ、太字、斜体、取り消し線、インラインコード、絵文字、リンクが使用できます。また、「:coffee:」などの絵文字のショートコードを記述することでアプリケーション上に絵文字を出力したり、「:color[テキスト]」を渡すことでテキストに色を付けたりすることも可能です。colorには「blue」、「green」、「orange」、 「red」、「violet」、「gray/grey」、「rainbow」が指定できます。「$」や「$$」で囲むことで、LaTex関数を使用できます。

3.6.15.2　min_value(int, float or None)

入力できる最小値を指定します。デフォルトはNoneで、最小値の制限が設定されていない状態になります。

3.6.15.3　max_value(int, float or None)

入力できる最大値を指定します。デフォルトはNoneで、最大値の制限が設定されていない状態になります。

3.6.15.4　value(int, float "min" or None)

アプリケーションがレンダリングされた段階で、選択されている値を指定します。Noneの場合は、アプリケーション使用者が入力をするまでNoneを返し、「min」を指定した場合、「min_value」の値を返します。デフォルトは「min」です。

3.6.15.5　step(int, float or None)

指定できる数値の間隔を設定します。デフォルトは、intの場合は1、それ以外の場合は0.01となります。値が指定されない場合は、formatパラメータが使用されます。

3.6.15.6　format(str or None)

数値の表示方法を制御します。%d、%e、%f、%g、%i、%uでの制御が可能です。戻り値には影響しません。

3.6.15.7　key(str or int)

ウィジェットの固有キーとして使用する文字列または整数を指定できます。これを省略すると、ウィジェットのコンテンツに基づいてキーが生成されます。キーはsession_stateに渡します。

3.6.15.8　help(str)

テキストを指定すると、横にhelpとして表示することができます。

3.6.15.9　on_change(callable)

関数を指定することで、ウィジェットが更新されたときにその関数を呼び出すことができます。

3.6.15.10　args(tuple)

コールバック関数に渡すargs(タプル型で引数)を指定します。

3.6.15.11　kwargs(dict)

コールバックに渡すkwargs(辞書型で引数)を指定します。

3.6.15.12 placeholder(str or None)

ウィジェットに何も入力していないときに表示させるテキストを設定できます。

3.6.15.13 disabled(bool)

Trueにすると、テキストボックスに入力ができなくなります。デフォルトはFalseです。

3.6.15.14 label_visibility("visible", "hidden" or "collapsed")

labelの表示方法の設定ができます。「visible」はlabelを表示し、「hidden」は表示しません。「collapsed」はlabelを表示しない上に、labelのスペースがなくなります。デフォルトは「visible」です。

リスト3.126: st.number_input を使用したアプリケーション

```
 1: import streamlit as st
 2:
 3: st.title("st.number_input")
 4:
 5: # 整数の入力
 6: int_value = st.number_input('整数を入力してください:', min_value=0,
max_value=100, value=50)
 7: st.write(f'入力された整数: {int_value}')
 8:
 9: # 小数の入力
10: float_value = st.number_input('小数を入力してください:', min_value=0.0,
max_value=100.0, value=25.5, step=0.1)
11: st.write(f'入力された小数: {float_value}')
```

図 3.86: st.number_input を使用したアプリケーション (操作前)

図 3.87: st.number_input を使用したアプリケーション (操作後)

3.6.16　st.date_input

日付を入力できるウィジェットを作成します (図 3.88)。

リスト3.127: st.date_input のフォーマット

```
st.date_input(label, value="default_value_today", min_value=None,
max_value=None, key=None, help=None, on_change=None, args=None, kwargs=None,
*, format="YYYY/MM/DD", disabled=False, label_visibility="visible")
```

3.6.16.1　label(str)

ウィジェットについての説明ラベルを指定できます。Markdown を使用することができ、太字、斜体、取り消し線、インラインコード、絵文字、リンクが使用できます。また、「:coffee:」などの絵文字のショートコードを記述することでアプリケーション上に絵文字を出力したり、「:color[テキスト]」を渡すことでテキストに色を付けたりすることも可能です。color には「blue」、「green」、「orange」、「red」、「violet」、「gray/grey」、「rainbow」が指定できます。「$」や「$$」で囲むことで、LaTex 関数を使用できます。

3.6.16.2　value(datetime, list of date, "today" or None)

ウィジェットの初期値を指定します。単一の日付、「today」、None、リストまたはタプルで日付を範囲で指定することができます。

3.6.16.3　min_value(datetime.date or datetime.datetime)

入力できる最小値を指定します。値が日付の場合、デフォルトは値 - 10年。value が間隔 [start, end] の場合、デフォルトは start - 10年になります。

3.6.16.4　max_value(datetime.date or datetime.datetime)

入力できる最大値を指定します。値が日付の場合、デフォルトは値 + 10年。value が間隔 [start, end] の場合、デフォルトは start + 10年になります。

3.6.16.5　key(str or int)

ウィジェットの固有キーとして使用する文字列または整数を指定できます。これを省略すると、ウィジェットのコンテンツに基づいてキーが生成されます。キーは session_state に渡します。

3.6.16.6　help(str)

テキストを指定すると、横に help として表示することができます。

3.6.16.7　on_change(callable)

関数を指定することで、ウィジェットが更新されたときにその関数を呼び出すことができます。

3.6.16.8　args(tuple)

コールバック関数に渡す args(タプル型で引数) を指定します。

3.6.16.9　kwargs(dict)

コールバックに渡す kwargs(辞書型で引数) を指定します。

第3章　用意されている便利な関数　193

3.6.16.10　format(str)

　日付をどのように表示するかを制御します。デフォルトは「YYYY/MM/DD」で、「DD/MM/YYYY」や「MM/DD/YYYY」もサポートしています。区切り文字は「/」だけではなく、「.」や「-」などを使用することも可能です。

3.6.16.11　disabled(bool)

　True にすると、テキストボックスに入力ができなくなります。デフォルトは False です。

3.6.16.12　label_visibility("visible", "hidden" or "collapsed")

　label の表示方法の設定ができます。「visible」は label を表示し、「hidden」は表示しません。「collapsed」は label を表示しない上に、label のスペースがなくなります。デフォルトは「visible」です。

リスト 3.128: st.date_input を使用したアプリケーション

```
 1: import streamlit as st
 2: import datetime
 3:
 4: st.title("st.date_input")
 5:
 6: # 単一の日付の例
 7: single_date = st.date_input(
 8:     "日付を選択してください（単一の日付)",
 9:     value=datetime.date(2023, 1, 1)
10: )
11: st.write(f"選択された日付: {single_date}")
12:
13: # 日付範囲の例
14: date_range = st.date_input(
15:     "日付の範囲を選択してください",
16:     value=(datetime.date(2023, 1, 1), datetime.date(2023, 1, 31))
17: )
18: st.write(f"選択された日付の範囲: {date_range}")
19:
20: # 今日の日付を初期値にする例
21: today_date = st.date_input(
22:     "今日の日付を初期値に設定",
23:     value="today"
24: )
25: st.write(f"選択された日付: {today_date}")
26:
27: # 初期値を空にする例
```

194　第3章　用意されている便利な関数

```
28: none_date = st.date_input(
29:     "初期値を空に設定",
30:     value=None
31: )
32: st.write(f"選択された日付: {none_date}")
```

図3.88: st.date_input を使用したアプリケーション

st.date_input

日付を選択してください (単一の日付)

2023/01/01

選択された日付: 2023-01-01

日付の範囲を選択してください

2023/01/01 – 2023/01/31

選択された日付の範囲: (datetime.date(2023, 1, 1), datetime.date(2023, 1, 31))

今日の日付を初期値に設定

2024/06/21

選択された日付: 2024-06-21

初期値を空に設定

YYYY/MM/DD

選択された日付: None

3.6.17 st.time_input

時刻を入力可能なウィジェットを作成します。(図3.89)

リスト3.129: st.time_input のフォーマット

```
st.time_input(label, value="now", key=None, help=None, on_change=None, args=None,
kwargs=None, *, disabled=False, label_visibility="visible", step=0:15:00)
```

3.6.17.1 label(str)

ウィジェットについての説明ラベルを指定できます。Markdownを使用することができ、太字、斜体、取り消し線、インラインコード、絵文字、リンクが使用できます。また、「:coffee:」などの絵文字

第3章 用意されている便利な関数 | 195

のショートコードを記述することでアプリケーション上に絵文字を出力したり、「:color[テキスト]」を渡すことでテキストに色を付けたりすることも可能です。colorには「blue」、「green」、「orange」、「red」、「violet」、「gray/grey」、「rainbow」が指定できます。「$」や「$$」で囲むことで、LaTex関数を使用できます。

3.6.17.2　value(time, datetime, "now" or None)

ウィジェットの初期値を指定します。内部的にはstring型として扱われます。Noneの場合は、アプリケーション使用者が時刻を選択するまで初期化され、Noneを返します。デフォルトは「now」で、現在の時刻で初期化されます。

3.6.17.3　key(str or int)

ウィジェットの固有キーとして使用する文字列または整数を指定できます。これを省略すると、ウィジェットのコンテンツに基づいてキーが生成されます。キーはsession_stateに渡します。

3.6.17.4　help(str)

テキストを指定すると、横にhelpとして表示することができます。

3.6.17.5　on_change(callable)

関数を指定することで、ウィジェットが更新されたときにその関数を呼び出すことができます。

3.6.17.6　args(tuple)

コールバック関数に渡すargs(タプル型で引数)を指定します。

3.6.17.7　kwargs(dict)

コールバックに渡すkwargs(辞書型で引数)を指定します。

3.6.17.8　disabled(bool)

Trueにすると、テキストボックスに入力ができなくなります。デフォルトはFalseです。

3.6.17.9　label_visibility("visible", "hidden" or "collapsed")

labelの表示方法の設定ができます。「visible」はlabelを表示し、「hidden」は表示しません。「collapsed」はlabelを表示しない上に、labelのスペースがなくなります。デフォルトは「visible」です。

3.6.17.10　step(int or timedelta)

選択できる秒数の間隔を指定します。デフォルトは900秒です。datetime.timedeltaオブジェクトを渡すことも可能です。

リスト3.130: st.time_input を使用したアプリケーション

```python
 1: import streamlit as st
 2: import datetime
 3:
 4: st.title("st.time_input")
 5:
 6: # 単一の時間の例
 7: single_time = st.time_input(
 8:     "時間を選択してください (単一の時間)",
 9:     value=datetime.time(12, 0)
10: )
11: st.write(f"選択された時間: {single_time}")
12:
13: # 現在の時間を初期値にする例
14: current_time = st.time_input(
15:     "現在の時間を初期値に設定",
16:     value="now"
17: )
18: st.write(f"選択された時間: {current_time}")
19:
20: # 初期値を空にする例 (初期値を空にはできませんが、Noneを渡すとデフォルトの現在の時間が設定されます)
21: default_time = st.time_input(
22:     "初期値を空に設定",
23:     value=None
24: )
25: st.write(f"選択された時間: {default_time}")
```

第3章　用意されている便利な関数 | 197

図 3.89: st.time_input を使用したアプリケーション

3.7 メッセージの出力

　Streamlit は、アプリケーション使用者に情報を提供したり、フィードバックを表示するために便利なメッセージ機能を提供しています。これにより、アプリケーションの利用者に対して、成功メッセージ、情報メッセージ、警告メッセージ、エラーメッセージなど、さまざまな種類のフィードバックを表示することができます。これらのメッセージ関数の基本的な使い方と、それぞれの特徴について詳しく説明します。

3.7.1　st.success

　成功メッセージを表示します。操作が正常に完了した場合や、成功を示すメッセージをアプリケーション使用者に伝える際に使用します (図 3.90)。

リスト3.131: st.success のフォーマット

```
st.success(body, *, icon=None)
```

3.7.1.1　body(str)

表示するテキストを指定します。

3.7.1.2　icon(str or None)

アラートの隣に表示するアイコンや絵文字を指定します。以下のオプションを使用可能です。

・絵文字が使用可能です。一方で絵文字を表すショートコード(例：icon=:smile:など)は使用不可です。本書では、文字化けを避けるためにショートコードを使用していますが、実際にスクリプトを書く際は書き換えて下さい。

・Material Symbols という、Google が公式に提供しているアイコンフォントが使用可能です。(例：icon=":material/thumb_up:)

リスト3.132: st.success を使用したアプリケーション

```
 1: import streamlit as st
 2:
 3: st.title("st.success")
 4:
 5: # デフォルトの成功メッセージ
 6: st.success("データが正常に保存されました！")
 7:
 8: # Material Symbolsライブラリーのカスタムアイコンを使った成功メッセージ
 9: st.success("データが正常に保存されました！", icon=":material/thumb_up:")
10:
11: # 別のカスタムアイコンを使った成功メッセージ
12: st.success("データが正常に保存されました！", icon=":smile:")
```

図3.90: st.success を使用したアプリケーション

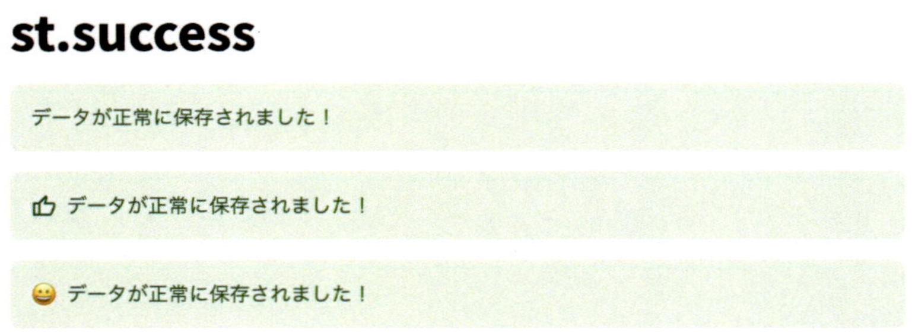

st.success

データが正常に保存されました！

👍 データが正常に保存されました！

😄 データが正常に保存されました！

3.7.2　st.info

情報メッセージを表示します。アプリケーション使用者に重要な情報やヒントを提供する際に使用します(図3.91)。

リスト3.133: st.info のフォーマット
```
st.info(body, *, icon=None)
```

3.7.2.1　body(str)
表示するテキストを指定します。

3.7.2.2　icon(str or None)
アラートの隣に表示するアイコンや絵文字を指定します。以下のオプションを使用可能です。

・絵文字が使用可能です。一方で絵文字を表すショートコード(例：icon=:smile:など)は使用不可です。本書では、文字化けを避けるためにショートコードを使用していますが、実際にスクリプトを書く際は書き換えて下さい。

・Material Symbolsという、Googleが公式に提供しているアイコンフォントが使用可能です(例：icon=":material/thumb_up:)。

200　第3章　用意されている便利な関数

リスト3.134: st.info を使用したアプリケーション

```
 1: import streamlit as st
 2:
 3: st.title("st.info")
 4:
 5: # デフォルトの情報メッセージ
 6: st.info("システムが正常に動作しています。")
 7:
 8: # Material Symbolsライブラリーのカスタムアイコンを使った情報メッセージ
 9: st.info("システムが正常に動作しています。", icon=":material/info:")
10:
11: # 別のカスタムアイコンを使った情報メッセージ
12: st.info("新しいアップデートが利用可能です。", icon=":smile:")
```

図3.91: st.info を使用したアプリケーション

st.info

システムが正常に動作しています。

ⓘ システムが正常に動作しています。

😄 新しいアップデートが利用可能です。

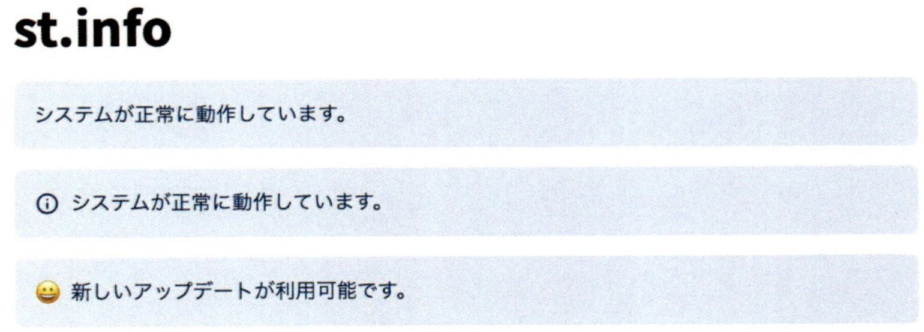

3.7.3　st.warning

警告メッセージを表示します。潜在的な問題や注意を促す必要がある場合に使用します (図3.92)。

第3章　用意されている便利な関数　201

リスト3.135: st.warning のフォーマット

```
st.warning(body, *, icon=None)
```

3.7.3.1　body(str)

表示するテキストを指定します。

3.7.3.2　icon(str or None)

アラートの隣に表示するアイコンや絵文字を指定します。以下のオプションを使用可能です。

・絵文字が使用可能です。一方で絵文字を表すショートコード(例：icon=:smile:など)は使用不可です。本書では、文字化けを避けるためにショートコードを使用していますが、実際にスクリプトを書く際は書き換えて下さい。

・Material Symbolsという、Googleが公式に提供しているアイコンフォントが使用可能です(例：icon=":material/thumb_up:)。

リスト3.136: st.warning を使用したアプリケーション

```
 1: import streamlit as st
 2:
 3: st.title("st.warning")
 4:
 5: # デフォルトの警告メッセージ
 6: st.warning("注意してください。")
 7:
 8: # Material Symbolsライブラリーのカスタムアイコンを使った警告メッセージ
 9: st.warning("注意してください。", icon=":material/warning:")
10:
11: # 別のカスタムアイコンを使った警告メッセージ
12: st.warning("システムのメモリーが不足しています。", icon=:smile:)
13:
```

図 3.92: st.warning を使用したアプリケーション

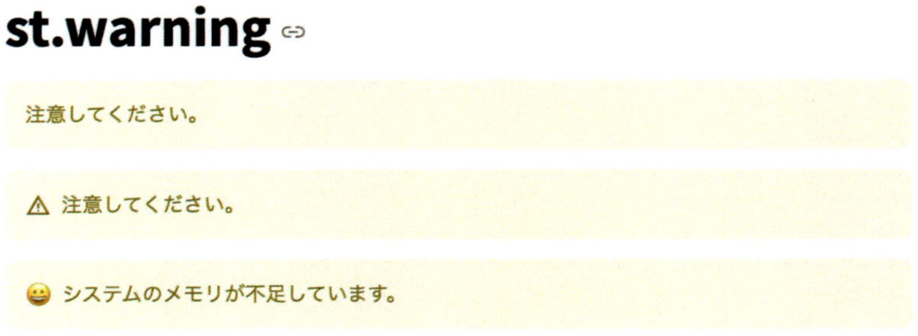

st.warning ⇔

注意してください。

⚠ 注意してください。

😀 システムのメモリが不足しています。

3.7.4　st.error

エラーメッセージを表示します。エラーが発生した場合や、アプリケーション使用者に問題を通知する際に使用します (図 3.93)。

リスト 3.137: st.error のフォーマット

```
st.error(body, *, icon=None)
```

3.7.4.1　body(str)
表示するテキストを指定します。

3.7.4.2　icon(str or None)
アラートの隣に表示するアイコンや絵文字を指定します。以下のオプションを使用可能です。
・絵文字が使用可能です。一方で絵文字を表すショートコード (例：icon=:smile:など) は使用不可です。本書では、文字化けを避けるためにショートコードを使用していますが、実際にスクリプトを書く際は書き換えて下さい。
・Material Symbols という、Google が公式に提供しているアイコンフォントが使用可能です (例：icon=":material/thumb_up:)。

第 3 章　用意されている便利な関数　203

リスト3.138: st.error を使用したアプリケーション

```
 1: import streamlit as st
 2:
 3: st.title("st.error")
 4:
 5: # デフォルトのエラーメッセージ
 6: st.error("エラーが発生しました。")
 7:
 8: # Material Symbolsライブラリーのカスタムアイコンを使ったエラーメッセージ
 9: st.error("エラーが発生しました。", icon=":material/error:")
10:
11: # 別のカスタムアイコンを使ったエラーメッセージ
12: st.error("データベース接続に失敗しました。", icon=":smile:")
```

図3.93: st.error を使用したアプリケーション

st.error

エラーが発生しました。

① エラーが発生しました。

😬 データベース接続に失敗しました。

3.8　ウィジェットに記入完了した内容を処理する

　前章でも述べたとおり、Streamlit ではアプリケーションの使用者が操作するたびに、Python スクリプトが最初から最後まで再実行されます。これにより、アプリケーション使用者の操作がリアルタイムで反映される利点がありますが、スクリプトの頻繁な再実行がパフォーマンスに影響を与えることがあります。また、ウィジェットに入力した値はsession_stateに保存しない限り、スクリプトの再実行のたびにリセットされてしまうため、使い勝手が悪くなる場合もあります。

204　　第3章　用意されている便利な関数

しかし、「st.form」と「st.form_submit_button」を使用することで、ウィジェットの操作が完了してから一括で処理を行う形式に変更できます。これにより、フォーム内のウィジェットが操作された後に、まとめてスクリプトを再実行させることが可能になります。

3.8.1 st.form

入力を一度にまとめて送信できるフォームを作成します。通常、Streamlitのウィジェットは即時に実行されますが、「st.form」を使用することで、フォーム全体を一括でバッチ処理のように実行することができます。これにより、アプリケーションの使用者が複数の入力をまとめて行い、それを一括で処理することが可能になります。with記法を使って実装することが推奨されています。

リスト3.139: st.formのフォーマット

```
st.form(key, clear_on_submit=False, *, border=True)
```

3.8.1.1 key(str)

formを認識する文字列です。フォームそれぞれが固有のキーを持ちます。

3.8.1.2 clear_on_submit(bool)

Trueの場合、アプリケーション使用者が送信ボタンを押した後に、formの中の全てのウィジェットのデフォルトの値がリセットされます。デフォルトはFalseです。

3.8.1.3 border(bool)

formをボーダーで囲うかどうか設定します。デフォルトはTrueで、基本的にボーダーは表示することが推奨されています。「st.expander」などのボーダーが表示される場合や、フォーム内に含むウィジェットが少ない場合など、ボーダーがあると不便が生じるときはFalseにしてボーダーを消すようにします。

3.8.1.4 注意点

いくつか制約があるため、以下の内容には注意してください。

・全ての「st.form」は「st.form_submit_button」を含んでいる必要があります。
・「st.button」と「st.download_button」は「st.form」内に含むことができません。
・「st.form」は「st.sidebar」や「st.column」など、基本的にどこでも表示できますが、他の「st.form」内に含むことはできません。
・「st.form」内でコールバック関数を持たせることができるのは、「st.form_submit_button」だけです。

3.8.2 st.form_submit_button

「st.form」内の処理を一括で実行するボタンを作成します。前述した「st.form」のブロック内で定義されたウィジェットと共に使用され、アプリケーション使用者が入力内容を確定して送信する際に利用します。「st.form_submit_button」で出力された送信ボタンをクリックすると、「st.form」内の

全てのウィジェットの値がStreamlitに対してバッチ処理で送信されます。「st.form_submit_button」は、「st.form」に必ず含む必要があります。

リスト3.140: st.form_submit_buttonのフォーマット

```
st.form_submit_button(label="Submit", help=None, on_click=None, args=None,
kwargs=None, *, type="secondary", disabled=False, use_container_width=False)
```

3.8.2.1　label(str)

ボタンについての説明ラベルを指定できます。デフォルトは「Submit」として出力されます。

3.8.2.2　help(str)

テキストを指定すると、横にhelpとして表示することができます。

3.8.2.3　on_click(callable)

関数を指定することでボタンをクリックしたときに、その関数を呼び出すことができます。

3.8.2.4　args(tuple)

コールバック関数に渡すargs(タプル型で引数)を指定します。

3.8.2.5　kwargs(dict)

コールバックに渡すkwargs(辞書型で引数)を指定します。

3.8.2.6　type("secondary" or "primary")

ボタンのタイプを設定できます。強調したい場合は「primary」、強調しない場合は「secondary」を指定します。デフォルトは「secondary」です。

3.8.2.7　disabled(bool)

Trueにすると、チェックボックスに入力ができなくなります。デフォルトはFalseです。

3.8.2.8　use_container_width(bool)

Trueの場合、チャートの幅を親コンテナの幅に設定します。幅が親コンテナいっぱいに表示されます。

　たとえば、「st.form」と「st.form_submit_button」を使って、以下のような会員登録フォームを作成することができます。(図3.94)

　これらの関数を使用することで、StreamlitがPythonスクリプトを毎回再実行する際にsession_stateに値を保持する必要がなく、非常に手軽に会員登録フォームを作成することが可能になりました。

リスト3.141: st.form, st.form_submit_button を使用したアプリケーション

```python
 1: import streamlit as st
 2:
 3: # アプリケーションのタイトルを設定
 4: st.title("会員登録フォーム")
 5:
 6: # 会員登録フォームを作成
 7: with st.form(key='registration_form'):
 8:     # ユーザー名の入力フィールド
 9:     username = st.text_input('ユーザー名')
10:
11:     # メールアドレスの入力フィールド
12:     email = st.text_input('メールアドレス')
13:
14:     # パスワードの入力フィールド
15:     password = st.text_input('パスワード', type='password')
16:
17:     # 確認パスワードの入力フィールド
18:     password_confirmation = st.text_input('確認パスワード', type='password')
19:
20:     # 登録ボタン
21:     submit_button = st.form_submit_button(label='登録')
22:
23: # フォームが送信された後の処理
24: if submit_button:
25:     if password != password_confirmation:
26:         st.error("パスワードが一致しません。もう一度入力してください。")
27:     else:
28:         st.success("登録が完了しました。")
29:         st.write(f"ユーザー名: {username}")
30:         st.write(f"メールアドレス: {email}")
```

第3章　用意されている便利な関数　207

図 3.94: st.form, st.form_submit_button を使用したアプリケーション

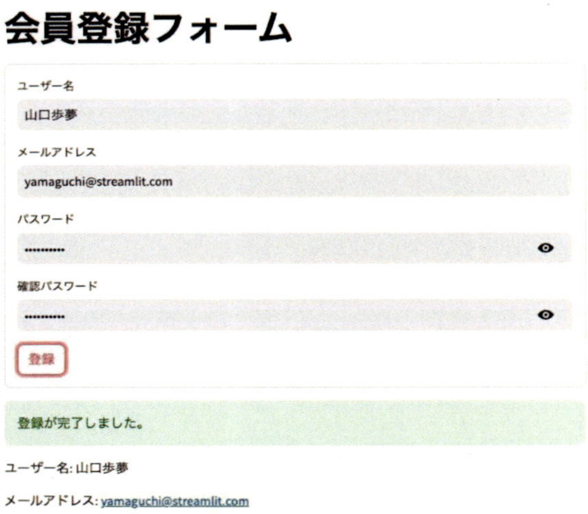

3.9 Streamlitの隠された関数(おまけ)

　ここまでで、Streamlitでは便利な関数が多く用意されており、手軽にインタラクティブなアプリケーションを開発できることがわかりました。さらにStreamlitでは標準の機能以外にも、さまざまな開発者が独自のコンポーネントを開発し、コミュニティーで無料で公開しています。これらのコンポーネントは「サードパーティコンポーネント」[28]と呼ばれており、より高度な機能やカスタムインターフェースを追加するのに役立ちます。サードパーティコンポーネントを使用することで、Streamlitの標準ライブラリーでは提供されない機能をアプリケーションに統合することができます。

　この節では、サードパーティコンポーネントのうちのひとつである「Streamlit-Extras」を紹介します。「Streamlit-Extras」は、Streamlitの標準的な関数ではサポートされていない部分の機能の実装をサポートします。「Streamlit-Extras」をインストールして、ふたつの機能を紹介します。それでは、機能を見ていきましょう。

　まずは、こちらのコマンドで「Streamlit-Extras」をインストールします。

```
$ pip install streamlit-extras
```

28.https://streamlit.io/components

3.9.1 Bottom Container

　こちらの関数は、画面の下部に固定されたオブジェクトを作成するのに有用です。[29]アプリケーションの常に目立たせたいウィジェットなどを画面下部に配置することができ、アプリケーション使用者が画面をスクロールしても「buttom_container」内のオブジェクトは常に表示された状態になります。(図3.95, 図3.96)

リスト3.142: Bottom Container を使用したアプリケーション

```
 1: import streamlit as st
 2: from streamlit_extras.bottom_container import bottom
 3:
 4: with bottom():
 5:     bottom = st.text_input("テキストを入力して下さい。")
 6:
 7: st.title("Bottom Container")
 8: st.text(bottom)
 9: st.bar_chart({"A": [1, 2, 3], "B": [3, 2, 1]})
10: st.line_chart({"A": [1, 2, 3], "B": [3, 2, 1]})
```

29.https://arnaudmiribel.github.io/streamlit-extras/extras/bottom_container/

図 3.95: Bottom Container を使用したアプリケーション (使用前)

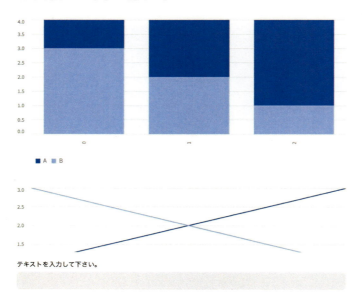

図 3.96: Bottom Container を使用したアプリケーション (使用後)

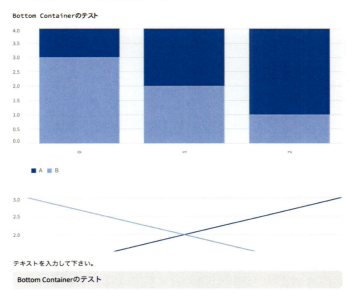

3.9.2 Chart annotations

こちらの関数は、グラフ内にアノテーションを表示させるのに有用です。[30]アノテーションは、チャートに表示されているデータの背景や理由を簡潔に説明するのに有用です。たとえば、新製品の発売日やマーケティング活動の開始日など、データの変動の原因となる出来事を解説する際に役立ちます。こちらの関数を使用することで、指定した絵文字がマーカーとしてグラフ上に表示され、表示されたマーカーにカーソルを合わせるとアノテーションの内容が表示されるので、データの背景を理解するのに有用です。

それでは、設定できるパラメータを一通り紹介してから、実際にアプリケーションを実装します (図 3.97)。

3.9.2.1 annotations(tuple)

日付とアノテーションをタプル形式で指定する。

---

[30].https://arnaudmiribel.github.io/streamlit-extras/extras/chart_annotations/

3.9.2.2　y(float)

アノテーションの高さを指定する。デフォルトは0。

3.9.2.3　min_date(str)

min_dateに指定した日付よりも古い日付のアノテーションのみが表示される。デフォルトはNone。

3.9.2.4　max_date(str)

max_dateに指定した日付よりも新しい日付のアノテーションのみが表示される。デフォルトはNone。

3.9.2.5　marker(str)

マーカーとして表示する絵文字を指定する。デフォルトは下向きの矢印の絵文字。

3.9.2.6　marker_size(float)

マーカーの大きさを指定する。デフォルトは20。

3.9.2.7　marker_offset_x(float)

水平方向のマーカーの位置を指定します。デフォルトは0。

3.9.2.8　market_offset_y(float)

垂直方向のマーカーの位置を指定します。デフォルトは-10。

3.9.2.9　marker_align("left" or "right" or "center")

マーカーの位置を「left」、「right」、「center」で指定します。

リスト3.143: Chart annotationsを使用したアプリケーション

```
 1: import altair as alt
 2: import pandas as pd
 3: import streamlit as st
 4: import numpy as np
 5: from streamlit_extras.chart_annotations import get_annotations_chart
 6:
 7: # ダミーデータの生成
 8: data = {
 9:     "date": pd.date_range("2020-01-01", "2022-12-31", freq="M"),
10:     "sales": np.random.randint(100, 1000, 36)
11: }
12: df = pd.DataFrame(data)
13:
14: # 売上データのチャート
15: chart = alt.Chart(df).mark_line().encode(
16:     x='date:T',
```

```
17:        y='sales:Q',
18:        tooltip=['date:T', 'sales:Q']
19: ).interactive()
20:
21: # アノテーションの追加
22: chart += get_annotations_chart(
23:     annotations=[
24:         ("2020-06-01", "キャンペーン開始"),
25:         ("2021-03-01", "新製品の発売"),
26:         ("2021-12-01", "年末セール"),
27:         ("2022-08-01", "市場拡大")
28:     ]
29: )
30:
31: st.title("Chart annotations")
32: st.altair_chart(chart, use_container_width=True)
```

図 3.97: Chart annotations を使用したアプリケーション

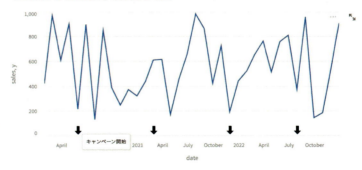

本章では Streamlit の基本的な関数について、詳しく見てきました。これらの関数は、Streamlit を用いたアプリケーションの作成において非常に重要な役割を果たします。データの表示からアプリケーション使用者とのインタラクション、レイアウトの整形まで、基本的な関数を駆使することで、

アプリケーションに必要な機能を効果的に実装できます。Streamlitの基本関数を理解し使いこなすことができれば、アプリケーションの構築は一層スムーズになります。

基本的な関数を一通り学んだので、次の章では、より実践的な内容を解説します。

第4章　実践的なアプリケーション開発

||||||||||||||||||||||||||||||||||||||||||||||||||||||||||||||||||||||||||||||||||||||||||||||||||||||||||||||||||||||||||||||||||
本章では、Streamlitを用いた実践的なアプリケーションの構築方法を詳細に説明します。Snowflakeのデータ操作からマスタデータのメンテナンス、ドリルダウン機能の実装、インタラクティブなカテゴリー選択アプリの作成、クリップボードへのデータコピー、そして位置情報の可視化まで、多岐にわたるテーマを取り上げます。これらの実践的な内容を通じて、Streamlitを使いこなすための具体的なスキルを習得していきましょう。
||||||||||||||||||||||||||||||||||||||||||||||||||||||||||||||||||||||||||||||||||||||||||||||||||||||||||||||||||||||||||||||||||

4.1　StreamlitでSnowflakeのデータを可視化

　本節では、Streamlitを使ってSnowflakeのデータを操作する方法について紹介します。具体的には、Snowflakeに接続してデータを取得し、Streamlit上で可視化する一連の手順を解説します。これにより、データサイエンティストやデータアナリストが日々の業務で直面するデータ処理や分析のタスクを、より迅速かつ直感的に遂行できるようになります。

　以下では、Snowflakeのセットアップ方法、Streamlitとの連携手順、そして具体的なサンプルコードを通じて、実際にどのようにこれらのツールを組み合わせて使うかを学んでいきましょう。Snowflakeの秘密情報を用意し、それらをStreamlitアプリケーションのPythonスクリプトが使用してSnowflake上のデータを操作するような流れです。手順に沿って解説します。

4.1.1　Snowflake環境の用意

　まずは、Snowflake環境の準備をします。Snowflakeにはトライアル版[1]がありますので、本書ではそちらを利用します。アカウント登録をすればすぐに使えます。(図4.1)

　Snowflakeに「SNOWFLAKE_SAMPLE_DATA」というサンプルデータがあるので、そちらを使ってデータの可視化を行います。

1.https://signup.snowflake.com/?_l=ja

図 4.1: Snowflake のコンソール画面

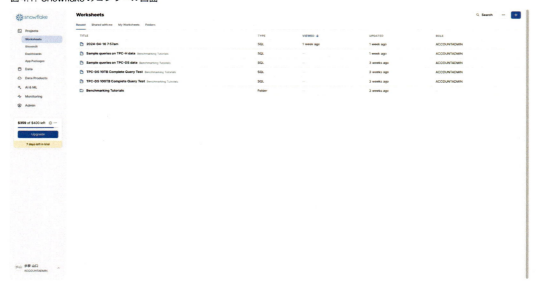

4.1.2　Streamlit から Snowflake への接続

Snowflake アカウントが用意できたら、早速 Streamlit から Snowflake に接続してみましょう。

4.1.2.1　秘密情報の管理

Streamlit から Snowflake などの外部の DWH に接続する際には、パスワードやアカウント名などの秘密情報を扱う必要があります。しかし、それらを暗号化されていない形で GitHub などに保存するのはセキュリティー的に非推奨です。そのため、それらの秘密情報を GitHub 以外の場所で管理し、環境変数などで Streamlit に渡す必要があります。

Streamlit では、以下のふたつの方法が推奨されています。

- Streamlit Sharing[2] に秘密情報を登録する。
- 「.streamlit」ディレクトリーに「secrets.toml」[3] を作成して秘密情報を管理し、「.gitignore」に「secrets.toml」と記載する。

Streamlit Sharing とは、Streamlit で作成したアプリを簡単にデプロイすることができる機能です。この機能を使うことで、秘密情報を GitHub に保存せずにアプリをデプロイすることができます。ローカルで秘密情報を使用する場合は、「secrets.toml」を使用する必要があります。本書では、「secrets.toml」を使用した秘密情報の使用方法について解説します。

4.1.2.2　secrets.toml の作成

まずは、ローカルで秘密情報を管理するための「secrets.toml」を作成します。以下構成でディレクトリーを作成し、「secrets.toml」を作成します。

---

2. https://share.streamlit.io/
3. https://docs.streamlit.io/develop/api-reference/connections/secrets.toml

リスト4.1: 「.streamlit」ディレクトリーを作成

```
1: project名/
2: ├── streamlit_app.py
3: └── .streamlit/
4:         └── secrets.toml
```

「secrets.toml」には、アカウント作成時に設定したユーザー名、アカウント名、パスワードを記述します。accountには、「<account_locator>.<cloud_region_id>」や「<account_locator>.<cloud_region_id>.<cloud>」という形式で設定することができます。[4](例:AA111111.ap-northeast-1.aws)今回は「st.connection」という機能を使用するので、秘密情報のprofileの名前の先頭に「connections.」をつけて記述します。

リスト4.2: secrets.toml の用意

```
1: [connections.snowflake]
2: user      = [ユーザー名]
3: account   = [アカウント名]
4: password  = [パスワード]
5: warehouse = [ウェアハウス]
6: role      = [ロール]
```

以上で、秘密情報の準備が完了しました。これで、StreamlitからSnowflakeに接続する準備が整いました。

4.1.3　StreamlitからSnowflakeのデータを抽出する

それでは、StreamlitアプリからSnowflakeに接続ができたので、SQLを実行してデータを抽出してみましょう。Snowflakeコネクタ[5]を使用することで、PythonからSnowflakeに接続してSQLを実行することができます。

```
$ pip install snowflake-connector-python
```

しかし、ここでもStreamlitは「st.connection」[6][7]という便利な関数を用意しています。こちらを使用することで、Snowflakeコネクタを使用する場合よりも手軽に、StreamlitからSnowflakeに接続することが可能です。

また、Snowflakeは「SNOWFLAKE_SAMPLE_DATA」というデータベースの「TCP-DS」や「TPC-H」といったスキーマ内にて、サンプルデータセットを提供しています。[8]本章節は、顧客、注

4.https://docs.snowflake.com/en/user-guide/admin-account-identifier#format-1-preferred-account-name-in-your-organization

5.https://other-docs.snowflake.com/ja/connectors

6.https://docs.streamlit.io/develop/api-reference/connections/st.connection

7.https://docs.streamlit.io/develop/api-reference/connections/st.connections.snowflakeconnection

8.https://docs.snowflake.com/en/user-guide/sample-data

文、商品データなどのビジネス情報が含まれている「TPC-DS」スキーマを使用してデータの可視化を行います。

4.1.3.1 SQLを実行する

それでは早速、StreamlitアプリケーションからSnowflakeに対してクエリを実行してみましょう。以下のPythonスクリプトを作成します。

リスト4.3: StreamlitからSnowflakeにクエリを実行

```
 1: import streamlit as st
 2:
 3: st.set_page_config(
 4:     page_title="Streamlitの実践的な内容",
 5:     page_icon=":bar_chart:",
 6:     # layout="wide",
 7:     initial_sidebar_state="expanded",
 8: )
 9:
10: # secrets.tomlから秘密情報を読み込む
11: conn = st.connection("snowflake")
12:
13: # SQLを実行してデータを取得
14: df = conn.query("SELECT * FROM snowflake_sample_data.tpcds_sf100tcl.store")
15:
16: st.title("StreamlitからSQLを実行する")
17: st.dataframe(df)
```

「streamlit run」コマンドを実行してみると、無事Snowflakeのテーブルからデータを抽出して表示するアプリケーションができました(図4.2)。「st.connection」でSnowflakeに接続し、「query」関数でクエリを実行してデータフレームに格納して出力するといった処理を行っております。

218 | 第4章 実践的なアプリケーション開発

図4.2: Streamlit アプリケーションで Snowflake のテーブルを表示

StreamlitからSQLを実行する

	S_STORE_SK	S_STORE_ID	S_REC_START_DATE	S_REC_END_DATE	S_CLOSED_DATE_SK	S_
0	1	AAAAAAAABAAAAAAA	1997-03-13	None	2,451,189	o
1	2	AAAAAAAACAAAAAAA	1997-03-13	2000-03-12	None	al
2	3	AAAAAAAACAAAAAAA	2000-03-13	None	None	al
3	4	AAAAAAAAEAAAAAAA	1997-03-13	1999-03-13	2,451,044	es
4	5	AAAAAAAAEAAAAAAA	1999-03-14	2001-03-12	2,450,910	a
5	6	AAAAAAAAEAAAAAAA	2001-03-13	None	None	ca
6	7	AAAAAAAAHAAAAAAA	1997-03-13	None	None	at
7	8	AAAAAAAAIAAAAAAA	1997-03-13	2000-03-12	None	ei
8	9	AAAAAAAAIAAAAAAA	2000-03-13	None	None	ei
9	10	AAAAAAAAKAAAAAAA	1997-03-13	1999-03-13	None	b

4.1.3.2 ウィジェット関数でフィルタリングをする

ウィジェット関数を使用することで、Snowflakeから抽出したデータフレームに対してフィルタリングを行うことや、ウィジェットで入力した値をWHERE句に代入してフィルタリングした結果を取得することが可能です。毎回Snowflakeのテーブルから全件のデータを抽出し、その後データフレームでフィルタリングを行う方法の場合、データ量が多いと処理に非常に時間がかかってしまいます。

そこで、今回は指定した日付をWHERE句に代入してSQLを実行し、フィルタリング範囲内のデータのみを抽出してデータフレームとして表示する方法を紹介します。また、日付を指定した後にボタンを押すことで、処理が実行されるように実装します。この方法により、アプリケーションを操作する度に「st.date_input」の日付を変更しても、Streamlitの特性による不要なSQLの再実行を防ぐことができます。

リスト4.4: st.date_input で指定した日付を WHERE 句に代入して SQL を実行

```
1: import streamlit as st
2: from datetime import date, timedelta
3:
4: st.set_page_config(
5:     page_title="Streamlitの実践的な内容",
```

第4章　実践的なアプリケーション開発 | 219

```
 6:        page_icon=":bar_chart:",
 7:        initial_sidebar_state="expanded",
 8:  )
 9:
10:  # secrets.tomlから秘密情報を読み込む
11:  conn = st.connection("snowflake")
12:
13:  # キャッシュを使ってデータを取得
14:  # date_fromとdate_toをクエリに埋め込みながら実行
15:  @st.cache_data(ttl=86400)
16:  def run_query_with_dates(query, date_from, date_to):
17:      query = query.replace("date_from", str(date_from))
18:      query = query.replace("date_to", str(date_to))
19:      return conn.query(query)
20:
21:  # クエリを変数に格納
22:  query = """
23:      SELECT
24:          *
25:      FROM
26:          snowflake_sample_data.tpcds_sf100tcl.store
27:      WHERE
28:          DATE(s_rec_start_date) BETWEEN DATE('date_from') AND DATE('date_to')
29:      ;
30:      """
31:
32:  st.title("StreamlitからSQLを実行する")
33:
34:  # 日付の設定
35:  yesterday = date.today() - timedelta(days=1)
36:  seven_days_ago = date.today() - timedelta(days=7)
37:
38:  # 初期データの取得
39:  if 'df' not in st.session_state:
40:      st.session_state['df'] = run_query_with_dates(query, seven_days_ago,
yesterday)
41:
42:  # フォームの作成
43:  with st.form(key='date_form'):
44:      col1, col2 = st.columns([1, 1])
45:      with col1:
```

```
46:         date_from = st.date_input("date_from", value=date(1997, 1, 1),
min_value=date(1997, 1, 1), max_value=date.today())
47:     with col2:
48:         date_to = st.date_input("date_to", min_value=date(1997, 1, 1),
max_value=date.today())
49:     submit_button = st.form_submit_button("日付を更新")
50:
51: # ボタンが押されたかどうかをチェック
52: if submit_button:
53:     st.session_state['df'] = run_query_with_dates(query, date_from, date_to)
54:
55: st.dataframe(st.session_state['df'])
```

　以下のようなUIのアプリケーションを作成することができました。「date_from」「date_to」で日付を指定して「日付を更新」クリックすると、「S_REC_START_DATE」カラムの日付が指定した範囲の日付のデータをSnowflakeから抽出するようになっております。(図4.3)

図4.3: st.date_input で日付フィルターをかけてデータを抽出

Snowflake に問題なくクエリを実行できることがわかったので、アプリケーションの見た目を整えてみます。必要なデータだけを表示するようにクエリを修正し、一部のデータは通常時は折りたたんでおき、必要なときだけ展開できるような機能を実装してみます。また、カラム名も「st.column_config」を使用して日本語に修正してみます。

リスト4.5: アプリケーションの見た目を整える

```
 1: import streamlit as st
 2: from datetime import date, timedelta
 3:
 4: # config
 5: st.set_page_config(
 6:     page_title="Streamlitの実践的な内容",
 7:     page_icon=":bar_chart:"
 8: )
 9:
10: # secrets.tomlから秘密情報を読み込む
11: conn = st.connection("snowflake")
12:
13: # キャッシュを使ってデータを取得
14: # date_fromとdate_toをクエリに埋め込みながら実行
15: @st.cache_data(ttl=86400)
16: def run_query_with_dates(query, date_from, date_to):
17:     query = query.replace("date_from", str(date_from))
18:     query = query.replace("date_to", str(date_to))
19:     return conn.query(query)
20:
21: # クエリを変数に格納
22: query = """
23:     SELECT
24:         s_rec_start_date,
25:         s_store_name,
26:         s_hours,
27:         s_manager,
28:         s_city,
29:         s_county,
30:         s_state,
31:         s_zip,
32:         s_country
33:     FROM
34:         snowflake_sample_data.tpcds_sf100tcl.store
35:     WHERE
```

222 | 第4章 実践的なアプリケーション開発

```
36:           DATE(s_rec_start_date) BETWEEN DATE('date_from') AND DATE('date_to')
37:       ;
38:       """
39:
40: st.title("StreamlitからSQLを実行する")
41:
42: # 日付の設定
43: yesterday = date.today() - timedelta(days=1)
44: seven_days_ago = date.today() - timedelta(days=7)
45:
46: # 初期データの取得
47: if 'df' not in st.session_state:
48:     st.session_state['df'] = run_query_with_dates(query, seven_days_ago,
yesterday)
49:
50: # フォームの作成
51: with st.form(key='date_form'):
52:     col1, col2 = st.columns([1, 1])
53:     with col1:
54:         date_from = st.date_input("date_from", value=date(1997, 1, 1),
min_value=date(1997, 1, 1), max_value=date.today())
55:     with col2:
56:         date_to = st.date_input("date_to", min_value=date(1997, 1, 1),
max_value=date.today())
57:     submit_button = st.form_submit_button("日付を更新")
58:
59: # ボタンが押されたかどうかをチェック
60: if submit_button:
61:     st.session_state['df'] = run_query_with_dates(query, date_from, date_to)
62:
63: # トグルボタンがOFFの場合は、場所の情報を非表示
64: column_config_close = {
65:     "S_REC_START_DATE": st.column_config.Column("レコード開始日"),
66:     "S_STORE_NAME": st.column_config.Column("店舗名"),
67:     "S_HOURS": st.column_config.Column("営業時間"),
68:     "S_MANAGER": st.column_config.Column("マネージャー"),
69:     "S_CITY": None,
70:     "S_COUNTY": None,
71:     "S_STATE": None,
72:     "S_ZIP": None,
73:     "S_COUNTRY": None
```

第4章　実践的なアプリケーション開発　223

```
74: }
75:
76: # トグルボタンがONの場合は、場所の情報を表示
77: column_config_open = {
78:     "S_REC_START_DATE": st.column_config.Column("レコード開始日"),
79:     "S_STORE_NAME": st.column_config.Column("店舗名"),
80:     "S_HOURS": st.column_config.Column("営業時間"),
81:     "S_MANAGER": st.column_config.Column("マネージャー"),
82:     "S_CITY": st.column_config.Column("市区町村"),
83:     "S_COUNTY": st.column_config.Column("郡"),
84:     "S_STATE": st.column_config.Column("州"),
85:     "S_ZIP": st.column_config.Column("郵便番号"),
86:     "S_COUNTRY": st.column_config.Column("国")
87: }
88:
89: # トグルボタンを押したらデータを展開
90: show_location = st.toggle("場所を表示", help='データを展開する',
key='show_location')
91: if show_location:
92:     column_config = column_config_open
93: else:
94:     column_config = column_config_close
95:
96: st.dataframe(st.session_state['df'], column_config=column_config,
hide_index=True, width=1200)
```

　以下のように、カラム名は日本語になり、トグルスイッチでカラムの折りたたみや展開をする機能を実装できました。簡単にアプリケーションの見た目を改善し、新しい機能を追加することができました(図4.4, 図4.5)。

図4.4: カラムを折りたたんでいる状態

StreamlitからSQLを実行する

date_from	date_to
1997/01/01	2024/07/02

日付を更新

◯ 場所を表示 ⑦

レコード開始日	店舗名	営業時間	マネージャー
1997-03-13	ought	8AM-4PM	William Ward
1997-03-13	able	8AM-4PM	Scott Smith
2000-03-13	able	8AM-4PM	Scott Smith
1997-03-13	ese	8AM-4PM	Edwin Adams
1999-03-14	anti	8AM-4PM	Edwin Adams
2001-03-13	cally	8AM-4PM	Edwin Adams
1997-03-13	ation	8AM-4PM	David Thomas
1997-03-13	eing	8AM-4PM	Brett Yates
2000-03-13	eing	8AM-4PM	Brett Yates
1997-03-13	bar	8AM-4PM	Raymond Jacobs

第4章 実践的なアプリケーション開発

図 4.5: カラムを展開した状態

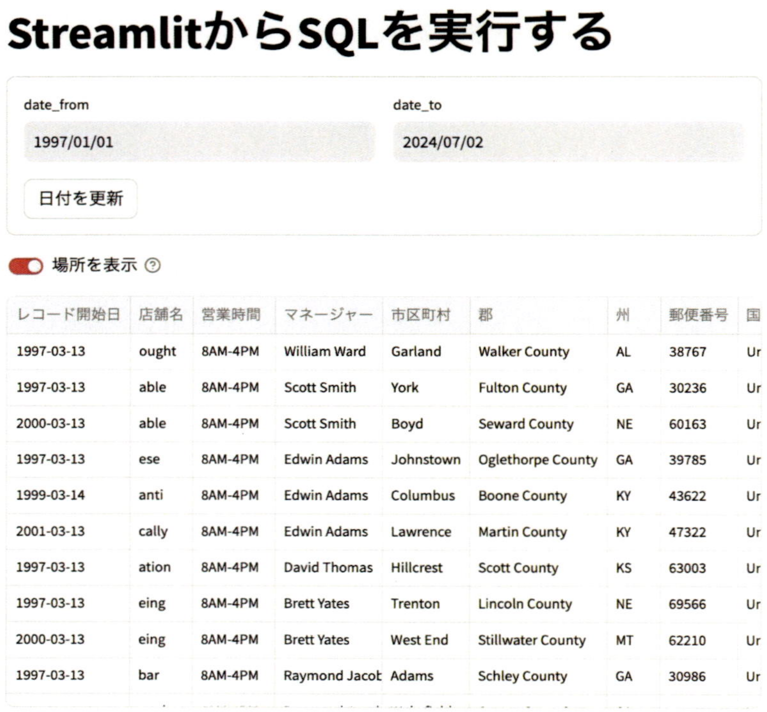

StreamlitからSQLを実行する

date_from	date_to
1997/01/01	2024/07/02

日付を更新

🔘 場所を表示 ⑦

レコード開始日	店舗名	営業時間	マネージャー	市区町村	郡	州	郵便番号	国
1997-03-13	ought	8AM-4PM	William Ward	Garland	Walker County	AL	38767	Ur
1997-03-13	able	8AM-4PM	Scott Smith	York	Fulton County	GA	30236	Ur
2000-03-13	able	8AM-4PM	Scott Smith	Boyd	Seward County	NE	60163	Ur
1997-03-13	ese	8AM-4PM	Edwin Adams	Johnstown	Oglethorpe County	GA	39785	Ur
1999-03-14	anti	8AM-4PM	Edwin Adams	Columbus	Boone County	KY	43622	Ur
2001-03-13	cally	8AM-4PM	Edwin Adams	Lawrence	Martin County	KY	47322	Ur
1997-03-13	ation	8AM-4PM	David Thomas	Hillcrest	Scott County	KS	63003	Ur
1997-03-13	eing	8AM-4PM	Brett Yates	Trenton	Lincoln County	NE	69566	Ur
2000-03-13	eing	8AM-4PM	Brett Yates	West End	Stillwater County	MT	62210	Ur
1997-03-13	bar	8AM-4PM	Raymond Jacob	Adams	Schley County	GA	30986	Ur

4.2 マスタデータのメンテナンス

　マスタデータは、組織の業務運営における基盤となる重要なデータセットです。これには、顧客、製品、従業員、サプライヤー、場所など、ビジネスのあらゆる側面に関連する静的な情報が含まれます。マスタデータが正確かつ最新であることを維持することは、業務の効率性と意思決定の質を保つために不可欠です。本節にて、StreamlitからSnowpark[9]を使用して、Snowflake上のマスタデータのメンテナンスを行う方法について紹介します。

4.2.1 マスタデータの用意

　前準備として、Streamlitから操作するSnowflakeのテーブルの作成を行います(図4.6)。以下のクエリで従業員マスタのテーブルをSnowflakeに作成します。そして、そちらの従業員のマスタをStreamlitから更新できるようにしてみます。

9.https://docs.snowflake.com/ja/developer-guide/snowpark/index

リスト4.6: テーブルを用意

```sql
-- データベースを作成
CREATE DATABASE STREAMLIT;
-- スキーマを作成
CREATE SCHEMA MASTER;
-- テーブルを作成
CREATE TABLE STREAMLIT.MASTER.EMPLOYEES (
    EMPLOYEE_ID NUMBER(38,0),
    FIRST_NAME VARCHAR(50),
    LAST_NAME VARCHAR(50),
    SALARY NUMBER(10,2),
    HIRE_DATE DATE
)COMMENT='従業員マスタ'
;
-- 適当なデータを挿入
INSERT INTO STREAMLIT.MASTER.EMPLOYEES (EMPLOYEE_ID, FIRST_NAME, LAST_NAME,
SALARY, HIRE_DATE)
VALUES
    (1, 'John', 'Smith', 60000.00, '2022-01-15'),
    (2, 'Emily', 'Johnson', 55000.00, '2022-02-20'),
    (3, 'Michael', 'Williams', 65000.00, '2022-03-25'),
    (4, 'Jessica', 'Brown', 70000.00, '2022-04-30'),
    (5, 'William', 'Jones', 62000.00, '2022-05-10')
;
```

このように、Snowflakeの「Streamlit」データベースの「MASTER」スキーマに、「EMPLOYEES」というマスタテーブルを用意することができました(図4.6)。

図4.6: Snowflakeに作成された従業員マスタ

4.2.2 Snowparkの使用手順

Snowparkは、Snowflakeが提供する新しい開発フレームワークで、データ処理やデータ操作をプ

ログラム的に行うための強力なツールです。Snowparkを使用することで、Python、Java、Scalaなどの SQL 以外のプログラミング言語を用いて、Snowflakeのデータベース上で直接データ操作を行うことができます。本節では、StreamlitのPythonスクリプトからSnowparkを使用して、Snowflake上のマスタデータの更新を行います。

　　Snowpark APIは、PandasのDataFramesをSnowflakeに書き込む機能を提供しています。まずは、「snowflake-snowpark-python」と「Pandas」(バージョン1.0.0以上)をインストールします。

```
$ pip install snowflake-snowpark-python pandas
```

　　そして、「snowflake-snowpark-python」を使用するには、セッションを作成する必要があります。Pythonスクリプトに以下のような記述をすることで、Sessionクラスのインポートを行います。

リスト4.7: Sessionのインポート
```
from snowflake.snowpark import Session
```

　　そして、セッションの作成は、先ほど作成した「secrets.toml」の秘密情報を以下のように使用して行います。「get_config_creds」関数のキャッシュの時間は、4時間以下にする必要があることに注意してください。Snowflakeのセッションの期限は4時間となっており[10]、キャッシュの時間を4時間以上に設定すると、Streamlitのアプリケーションを4時間以上操作しなかった場合、「Authentication token has expired. The user must authenticate again.」といったエラーが発生します。セッションの有効期限が切れているにも関わらず、Streamlitがキャッシュ内の期限切れのセッションを使用しようとするため、このようなエラーが発生してしまいます。

　　Snowflakeのセッションを作成するPythonスクリプトは以下になります。「get_config_creds」関数では、「secrets.toml」から認証情報を取得して、辞書型の変数に格納しています。こちらをSnowparkを使用するために用意します。

リスト4.8: セッションの作成
```
 1: import streamlit as st
 2: from snowflake.snowpark import Session
 3:
 4: # STREAMLITデータベースに接続するための認証情報を取得
 5: @cache_resource(ttl=14000)
 6: def get_config_creds(schema):
 7:     connection_parameters = {
 8:         "account": st.secrets["connections"]["snowflake"]["account"],
 9:         "user": st.secrets["connections"]["snowflake"]["user"],
10:         "password": st.secrets["connections"]["snowflake"]["password"],
11:         "database": "STREAMLIT",
```

10.https://docs.snowflake.com/en/user-guide/session-policies#snowflake-sessions

228　　第4章　実践的なアプリケーション開発

```
12:         "schema": schema,
13:         "warehouse": st.secrets["connections"]["snowflake"]["warehouse"],
14:         "role": st.secrets["connections"]["snowflake"]["role"]
15:     }
16:
17:     return connection_parameters
18:
19: # セッションを作成
20: connection_parameters = get_config_creds("MASTER")
21: st.session_state.snowflake_connection = Session.builder.configs(connection_p
arameters).create()
22: session = st.session_state.snowflake_connection
```

4.2.3　StreamlitからSnowflakeのデータを更新

　それでは、StreamlitのアプリケーションからSnowflakeのテーブルを更新してマスタデータのメンテナンスを行う機能を実装していきます。

　本書では、Snowparkと以下2パターンのStreamlitの関数を使用して、これらを用いて実現する方法を紹介します。

・「st.data_editor」[11]と「st.form_submit_button」[12]を使用してデータを更新する方法
・「st.file_uploader」を使用してファイルをアップロードしてデータを更新する方法

　それでは早速、上記の内容について解説して参ります。

4.2.3.1　「st.data_editor」と「st.form_submit_button」を使用してデータを更新

　こちらは、Streamlitアプリケーション上のデータフレームにアプリケーション使用者が手入力したデータをもとに、Snowflakeのテーブルを更新する方法です。アプリケーション使用者が「st.data_editor」でデータフレームの値を入力し、Snowparkを使用してStreamlitからSnowflakeのテーブルを更新（UPSERT）するように実装します。UPSERTは、Snowparkの「write_pandas」を使用することで実現可能です。

リスト4.9: データフレームに手入力したデータでSnowflakeのテーブルを更新

```
1: import streamlit as st
2: import pandas as pd
3: import time
4: from snowflake.snowpark import Session
5:
6: st.set_page_config(
7:     page_title="Streamlitの実践的な内容",
```

11.https://docs.streamlit.io/develop/api-reference/data/st.data_editor

12.https://docs.streamlit.io/develop/api-reference/execution-flow/st.form_submit_button

```
 8:        page_icon=":bar_chart:",
 9:        initial_sidebar_state="expanded",
10: )
11:
12: # キャッシュを使ってデータを取得
13: # date_fromとdate_toをクエリに埋め込みながら実行
14: @st.cache_data(ttl=86400)
15: def run_query_with_dates(query, date_from, date_to):
16:     query = query.replace("date_from", str(date_from))
17:     query = query.replace("date_to", str(date_to))
18:     return conn.query(query)
19:
20:
21: # STREAMLITデータベースに接続するための認証情報を取得
22: @st.cache_resource(ttl=14000)
23: def get_config_creds(schema):
24:     connection_parameters = {
25:         "account": st.secrets["connections"]["snowflake"]["account"],
26:         "user": st.secrets["connections"]["snowflake"]["user"],
27:         "password": st.secrets["connections"]["snowflake"]["password"],
28:         "database": "STREAMLIT",
29:         "schema": schema,
30:         "warehouse": st.secrets["connections"]["snowflake"]["warehouse"],
31:         "role": st.secrets["connections"]["snowflake"]["role"]
32:     }
33:
34:     return connection_parameters
35:
36: # データセットを取得する
37: @st.cache_resource(ttl=86400)
38: def get_dataset(table):
39:     df = session.table(table)
40:     return df
41:
42: # secrets.tomlから秘密情報を読み込む
43: conn = st.connection("snowflake")
44:
45: # MASTERスキーマへ接続のためのセッションを作成
46: connection_parameters = get_config_creds("MASTER")
47: st.session_state.snowflake_connection = Session.builder.configs(connection_p
arameters).create()
```

230 | 第4章 実践的なアプリケーション開発

```
48: session = st.session_state.snowflake_connection
49:
50: # EMPLOYEESテーブルを取得
51: data = get_dataset("EMPLOYEES")
52:
53: st.title("マスタデータメンテナンス(手動)")
54:
55: # データを更新するためのフォームを作成
56: with st.form("EMPLOYEES"):
57:     employees = st.data_editor(
58:         data,
59:         use_container_width=False,
60:         num_rows="dynamic"
61:         )
62:     submit_button = st.form_submit_button("更新する")
63:
64: # submitボタンを押したらEMPLOYEESテーブルに更新が走る
65: if submit_button:
66:     try:
67:         session.write_pandas(
68:             employees,
69:             "EMPLOYEES",
70:             overwrite=True,
71:             quote_identifiers=False
72:             )
73:         st.success("テーブルが更新されました。")
74:     except Exception as e:
75:         st.warning(f"テーブルの更新に失敗しました。:{e}")
76:     # 5秒後にページをリロード
77:     time.sleep(5)
78:     st.rerun()
```

(図4.7)のようなアプリケーションができました。

「st.form_submit_button」を使用して、データフレームの操作ができるようにしてあるので、実際に操作をしてみます。

図 4.7: 手動でマスタデータを更新するアプリケーション (操作前)

マスタデータメンテナンス(手動)

EMPLOYEE_ID	FIRST_NAME	LAST_NAME	SALARY	HIRE_DATE
1	John	Smith	60,000	2022-01-15
2	Emily	Johnson	55,000	2022-02-20
3	Michael	Williams	65,000	2022-03-25
4	Jessica	Brown	70,000	2022-04-30
5	William	Jones	62,000	2022-05-10

更新する

データフレームに2行追加して「更新する」をクリックして、Snowflakeのテーブルを確認してみます(図4.8)。

図4.8: 手動でマスタデータを更新するアプリケーション(操作後)

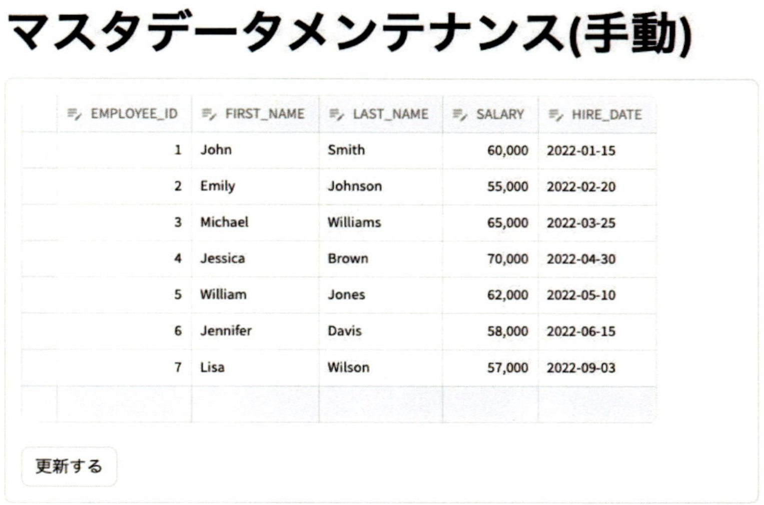

マスタデータメンテナンス(手動)

EMPLOYEE_ID	FIRST_NAME	LAST_NAME	SALARY	HIRE_DATE
1	John	Smith	60,000	2022-01-15
2	Emily	Johnson	55,000	2022-02-20
3	Michael	Williams	65,000	2022-03-25
4	Jessica	Brown	70,000	2022-04-30
5	William	Jones	62,000	2022-05-10
6	Jennifer	Davis	58,000	2022-06-15
7	Lisa	Wilson	57,000	2022-09-03

更新する

　Snowflakeのテーブルもしっかりと更新されており、Streamlitで作成したアプリケーションから Snowflakeのテーブルをリアルタイムで更新できるようになりました。これでSnowflakeの上のマスタデータを簡単にリアルタイムでメンテナンスを行えるようになりました(図4.9)。

図4.9: Snowflakeのテーブルが更新されているか確認

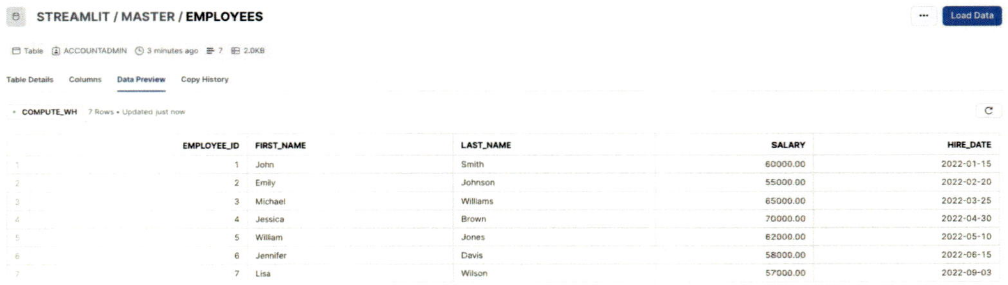

	EMPLOYEE_ID	FIRST_NAME	LAST_NAME	SALARY	HIRE_DATE
1	1	John	Smith	60000.00	2022-01-15
2	2	Emily	Johnson	55000.00	2022-02-20
3	3	Michael	Williams	65000.00	2022-03-25
4	4	Jessica	Brown	70000.00	2022-04-30
5	5	William	Jones	62000.00	2022-05-10
6	6	Jennifer	Davis	58000.00	2022-06-15
7	7	Lisa	Wilson	57000.00	2022-09-03

4.2.3.2 「st.file_uploader」を使用してファイルをアップロードしてデータを更新

　次は、ファイルをアップロードする形式で、StreamlitのアプリケーションからSnowflakeのテーブルを更新できるように実装してみます。先ほどのコードを次のように書き換えます。「st.file_uploader」

第4章　実践的なアプリケーション開発 | 233

でStreamlitのアプリケーション上にファイルをドラッグ&ドロップできるようにします。そして、そのファイルをデータフレームに変換し、「write_pandas」を使ってSnowflakeのテーブルの更新を行います。

アップロードしたCSVはデータフレームとして表示されるようにして、更新ボタンを押す前に確認できるようにすると便利です。

リスト4.10: CSVファイルを使ってSnowflakeのテーブルを更新

```
 1: import streamlit as st
 2: import pandas as pd
 3: import time
 4: from snowflake.snowpark import Session
 5:
 6: # config
 7: st.set_page_config(
 8:     page_title="Streamlitの実践的な内容",
 9:     page_icon=":bar_chart:",
10:     initial_sidebar_state="expanded",
11: )
12:
13: # キャッシュを使ってデータを取得
14: # date_fromとdate_toをクエリに埋め込みながら実行
15: @st.cache_data(ttl=86400)
16: def run_query_with_dates(query, date_from, date_to):
17:     query = query.replace("date_from", str(date_from))
18:     query = query.replace("date_to", str(date_to))
19:     return conn.query(query)
20:
21:
22: # STREAMLITデータベースに接続するための認証情報を取得
23: @st.cache_resource(ttl=14000)
24: def get_config_creds(schema):
25:     connection_parameters = {
26:         "account": st.secrets["connections"]["snowflake"]["account"],
27:         "user": st.secrets["connections"]["snowflake"]["user"],
28:         "password": st.secrets["connections"]["snowflake"]["password"],
29:         "database": "STREAMLIT",
30:         "schema": schema,
31:         "warehouse": st.secrets["connections"]["snowflake"]["warehouse"],
32:         "role": st.secrets["connections"]["snowflake"]["role"]
33:     }
34:
```

```
35:     return connection_parameters
36:
37: # データセットを取得する
38: @st.cache_resource(ttl=86400)
39: def get_dataset(table):
40:     df = session.table(table)
41:     return df
42:
43: # secrets.tomlから秘密情報を読み込む
44: conn = st.connection("snowflake")
45:
46: # MASTERスキーマへ接続のためのセッションを作成
47: connection_parameters = get_config_creds("MASTER")
48: st.session_state.snowflake_connection = Session.builder.configs(connection_p
arameters).create()
49: session = st.session_state.snowflake_connection
50:
51: # EMPLOYEESテーブルを取得
52: data = get_dataset("EMPLOYEES")
53:
54: st.title("マスタデータのメンテナンス(CSV)")
55:
56: uploaded_file = st.file_uploader("ファイルを選択 or ドラッグしてください。")
57:
58: if uploaded_file is not None:
59:     employees = pd.read_csv(uploaded_file, encoding="utf-8")
60:     st.dataframe(employees, hide_index=True, use_container_width=True)
61:
62:     if st.button('更新する'):
63:         try:
64:             session.write_pandas(
65:                 employees,
66:                 "EMPLOYEES",
67:                 overwrite=True,
68:                 quote_identifiers=False
69:             )
70:             st.success("テーブルが更新されました。")
71:         except Exception as e:
72:             st.warning(f"テーブルの更新に失敗しました。:{e}")
73:
74:         # 5秒後にページをリロード
```

第4章　実践的なアプリケーション開発　235

```
75:        time.sleep(5)
76:        st.rerun()
77:
```

実際にできあがったアプリケーションはこちらです(図4.10)。

図4.10: CSVをアップロードしてSnowflakeを更新するアプリケーション

CSVを作成して実際にアップロードしてみます。今回は、「update_csv」というファイルをアップロードしてみます。先ほど更新したマスタデータに3行ほど足したCSVを用意しました(図4.11)。

図 4.11: CSV の編集

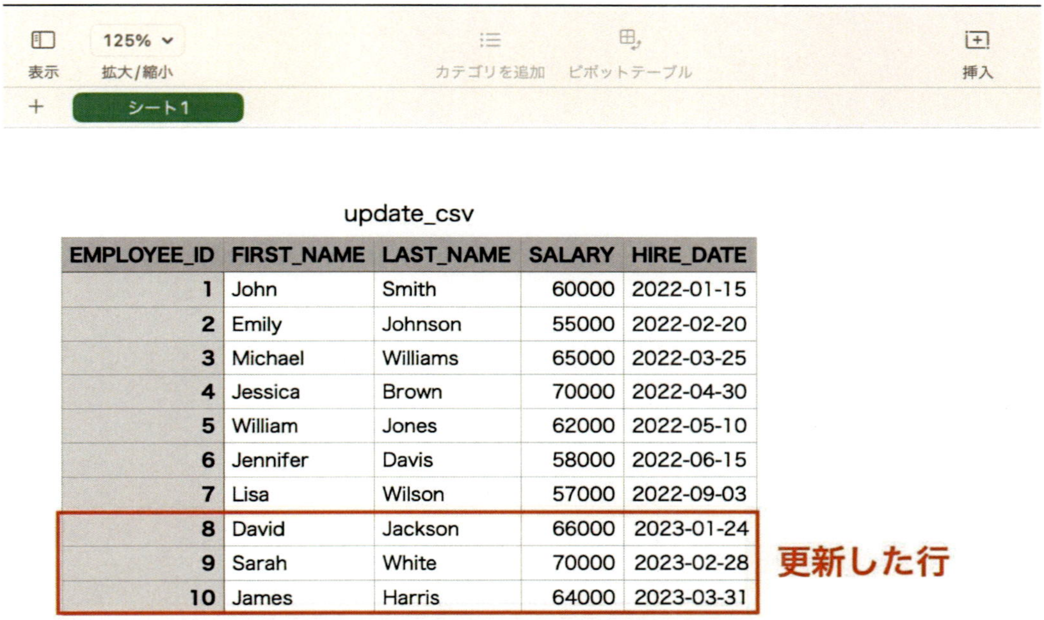

表示	125% ✓ 拡大/縮小		カテゴリを追加	ピボットテーブル	挿入
+	シート1				

update_csv

EMPLOYEE_ID	FIRST_NAME	LAST_NAME	SALARY	HIRE_DATE	
1	John	Smith	60000	2022-01-15	
2	Emily	Johnson	55000	2022-02-20	
3	Michael	Williams	65000	2022-03-25	
4	Jessica	Brown	70000	2022-04-30	
5	William	Jones	62000	2022-05-10	
6	Jennifer	Davis	58000	2022-06-15	
7	Lisa	Wilson	57000	2022-09-03	
8	David	Jackson	66000	2023-01-24	更新した行
9	Sarah	White	70000	2023-02-28	
10	James	Harris	64000	2023-03-31	

　そして、アプリケーションにドラッグ&ドロップをし、「更新する」をクリックしてみます。ド
ラッグ&ドロップしたファイルはデータフレームとしてアプリケーション上に表示されるようにし
たので、更新前に内容を確認できるようになっています(図4.12)。

第4章　実践的なアプリケーション開発 | 237

図 4.12: CSV のアップロード

マスタデータのメンテナンス(CSV)

ファイルを選択 or ドラッグしてください。

Drag and drop file here
Limit 200MB per file

Browse files

update_csv.csv 386.0B ✕

EMPLOYEE_ID	FIRST_NAME	LAST_NAME	SALARY	HIRE_DATE
1	John	Smith	60,000	2022-01-15
2	Emily	Johnson	55,000	2022-02-20
3	Michael	Williams	65,000	2022-03-25
4	Jessica	Brown	70,000	2022-04-30
5	William	Jones	62,000	2022-05-10
6	Jennifer	Davis	58,000	2022-06-15
7	Lisa	Wilson	57,000	2022-09-03
8	David	Jackson	66,000	2023-01-24
9	Sarah	White	70,000	2023-02-28
10	James	Harris	64,000	2023-03-31

更新する

Snowflake 上のテーブルも無事更新されていました(図4.13)。

CSV をアップロードして Snowflake テーブルを更新する方法は、一気に大量のデータを更新したい場合などに便利です。先ほど紹介した「st.data_editor」に大量のデータをコピペしてデータを一気に更新しようとすると、ブラウザーの動きが重くなったり固まってしまうことがあるためです。

図 4.13: CSV の内容で更新された Snowflake の従業員マスタ

4.3 ドリルダウン機能を実装する

　本節では、「ドリルダウン」に焦点を当てます。ドリルダウンとは、アプリケーション使用者がデータを階層的に掘り下げて、詳細な情報を探索する機能です。たとえば、売上データの場合、全体の売上から特定の部門や期間の売上に絞り込むことができます。本節では、Streamlit と Altair を使用して、リアルタイムでインタラクティブなグラフとメトリクスを生成する方法を学びます。

　具体的には、部門別の売上データを円グラフで視覚化し、選択した部門の月ごとの売上を棒グラフで詳細に表示する方法を紹介します。最終的には、(図 4.14) のようなアプリケーションを作成します。アプリケーションのドーナツグラフをクリックすると、クリックした営業所のデータが右側の棒グラフで表示されるように実装します (図 4.15)。

図 4.14: ドリルダウン機能の実装 (操作前)

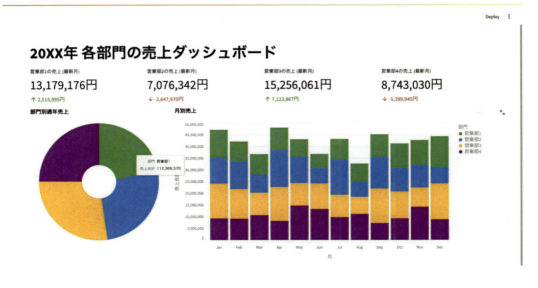

図 4.15: ドリルダウン機能の実装 (操作後)

4.3.1 前準備

　ドリルダウン機能の解説を行う前に、まずダミーデータを作成します。はじめに、必要なライブラリーである「altair」、「pandas」、「numpy」をインポートします。次に、営業部門のリスト、各部門の色、および月のリストを定義します。これにより、データ生成の際に使用する基本的な情報を準備します。その後、ダミーデータ生成関数「get_data」を定義します。この関数では、20XX年の全日付からランダムに取引日を選び、部門や取引金額もランダムに設定して、1000件のデータを生成します。このデータは、部門、取引日、取引金額の情報を持つデータフレームとして返されます。最後に、この生成したデータフレームに取引日の月情報を追加します。これで、月別のデータ分析が可能なダミーデータが用意できました。

リスト4.11: 必要なライブラリーやダミーデータを用意

```
 1: import streamlit as st
 2: import altair as alt
 3: import pandas as pd
 4: import numpy as np
 5: 
 6: st.set_page_config(layout="wide")
 7: 
 8: # ダミーデータの生成
 9: departments = ["営業部1", "営業部2", "営業部3", "営業部4"]
10: colors = ["#4CAF50", "#2196F3", "#FFC107", "#9C27B0"]
11: months = ["1月", "2月", "3月", "4月", "5月", "6月", "7月", "8月", "9月", "10月",
```

```
            "11月", "12月"]
12:
13: def get_data():
14:     dates = pd.date_range(start="2022-01-01", end="2022-12-31")
15:     sales_data = {
16:         "department": np.random.choice(departments, size=1000),
17:         "transaction_date": np.random.choice(dates, size=1000),
18:         "transaction_amount": np.random.uniform(10000, 1000000,
size=1000).round(2),
19:     }
20:     return pd.DataFrame(sales_data)
21:
22: sales_data = get_data()
23: sales_data["month"] = sales_data["transaction_date"].dt.month
```

4.3.2　前月との売上の比較

　「st.metric」を使用して、ダッシュボードの上部に最新月の売上と、前月との比較を表示します。まず、「st.title」でダッシュボードのタイトルを設定します。次に、groupby関数を使って部門別かつ月別の売上合計を計算し、「monthly_sales」というデータフレームを作成します。このデータをさらに集計して、年次の部門別売上合計を計算し、「annual_sales」というデータフレームを作成します。

　続いて、最新の月を取得し（latest_month）、4つの列を作成して各部門の最新月と前月の売上を表示します。for文でループ処理を行い、各部門の最新月の売上（latest_sales）と前月の売上（previous_sales）を取得し、その差（change）を計算します。最後に、「st.metric」を使って各部門の売上とその増減を表示します。

　この方法を使えば、部門別売上ダッシュボードを作成し、各部門の最新月の売上と前月比を簡単に確認できるようになります。

リスト4.12:　「st.metric」で前月との売上比較を表示

```
1: ## 先ほどのコードの下に以下を追加 ##
2: # タイトルの表示
3: st.title("20XX年 各部門の売上ダッシュボード")
4:
5: # 月ごとの部門別売上合計を計算
6: monthly_sales = sales_data.groupby(["department", "month"])["transaction_amo
unt"].sum().reset_index()
7: # monthly_salesを年次で集計(tooltipにmonthly_sales使用すると、月ごとの売上が表示されて
しまうため)
8: annual_sales = monthly_sales.groupby("department")["transaction_amount"].sum
```

```
 ().reset_index()
 9:
10: # 各部門の最新月の売上と前月比を表示
11: latest_month = monthly_sales["month"].max()
12: columns = st.columns(4)
13:
14: for i, department in enumerate(departments):
15:     latest_sales = monthly_sales[(monthly_sales["department"] == department)
& (monthly_sales["month"] == latest_month)]["transaction_amount"].values[0]
16:     previous_sales = monthly_sales[(monthly_sales["department"]
== department) & (monthly_sales["month"] == latest_month -
1)]["transaction_amount"].values[0]
17:     change = latest_sales - previous_sales
18:     with columns[i]:
19:         st.metric(label=f"{department}の売上 (最新月)",
value=f"{latest_sales:,.0f}円", delta=f"{change:,.0f}円", delta_color="normal")
```

4.3.3　ドリルダウン可能なグラフを表示

　最後にAltairを使って部門別売上を視覚化するドーナツグラフと棒グラフを作成し、インタラク
ティブなダッシュボードを実装します。

　まず、「altair.selection_point」[13]を使用してpoint selectionパラメータを定義します。これによっ
て、クリックなどのアプリケーション使用者の操作などをクエリとして定義します。こちらを、
「Altair.Chart」の「add_params」メソッドに渡すことで、ドリルダウンの機能を実装することがで
きます。

　そして、同じく「Altair.Chart」の「mark_arc」メソッドの「innerRadius」を使用して、円グラフ
の中の余白の大きさの半径を指定してドーナツグラフを作成しています。また、「encode」メソッ
ドはデータ列を位置、色、サイズ、形状などの視覚的プロパティーにマッピングするために使用さ
れます。様々なプロパティー[14]が存在していて、細かく設定することでグラフの視認性を高めるこ
とが可能です。本書のPythonスクリプトでは、各部門が異なる色で表示され、各セクションの角度
がその部門の「transaction_amount」(売上金額)に比例し、グラフをクリックするとクリックされた
セクションの透明度が増すように実装してあります。

　「transform_filter」[15]は選択された条件に基づいてデータをフィルタリングし、そのフィルタリン
グされたデータのみをチャートに反映させます。これによって、ドーナツグラフでクリックで選択
した部門のデータを棒グラフで可視化することができます。

　以上で、Altairでのドリルダウン機能の実装が完了しました。

13.https://altair-viz.github.io/user_guide/generated/api/altair.selection_point.html

14.https://altair-viz.github.io/user_guide/encodings/channels.html

15.https://altair-viz.github.io/user_guide/transform/filter.html

リスト4.13: ドリルダウンが可能なグラフの作成

```
 1: ## 先ほどのコードの下に以下を追加 ##
 2: department_select = alt.selection_point(fields=["department"], empty="all")
 3: formatter = alt.Tooltip('transaction_amount:Q', title='売上合計',
format=',.0f')  # カンマ区切りの数値フォーマット
 4: department_pie = (
 5:     alt.Chart(annual_sales)
 6:     .mark_arc(innerRadius=50)
 7:     .encode(
 8:         theta=alt.Theta("transaction_amount", type="quantitative",
aggregate="sum", title="売上合計"),
 9:         color=alt.Color(field="department", type="nominal",
scale=alt.Scale(domain=departments, range=colors), title="部門"),
10:         opacity=alt.condition(department_select, alt.value(1),
alt.value(0.25)),
11:         tooltip=[alt.Tooltip('department:N', title='部門'), formatter]
12:     )
13:     .add_params(department_select)
14:     .properties(title="部門別通年売上")
15: )
16:
17:
18: department_summary = (
19:     alt.Chart(sales_data)
20:     .mark_bar()
21:     .encode(
22:         x=alt.X("month(transaction_date)", type="ordinal", title="月"),
23:         y=alt.Y(field="transaction_amount", type="quantitative",
aggregate="sum", title="売上合計"),
24:         color=alt.Color("department", type="nominal", title="部門",
scale=alt.Scale(domain=departments, range=colors)),
25:     )
26:     .transform_filter(department_select)
27:     .properties(width=700, title="月別売上")
28: )
29:
30: top_row = department_pie | department_summary
31: st.altair_chart(top_row)
```

4.3.4　完成したスクリプト

　以上で、セレクトボックスを使用してカテゴリーを選択し、選択したカテゴリーの数値を可視化するアプリケーションが完成しました。最終的なコードは以下の通りです。

リスト4.14: 完成したアプリケーション

```
 1: import streamlit as st
 2: import altair as alt
 3: import pandas as pd
 4: import numpy as np
 5:
 6: st.set_page_config(layout="wide")
 7:
 8: # ダミーデータの生成
 9: departments = ["営業部1", "営業部2", "営業部3", "営業部4"]
10: colors = ["#4CAF50", "#2196F3", "#FFC107", "#9C27B0"]
11: months = ["1月", "2月", "3月", "4月", "5月", "6月", "7月", "8月", "9月", "10月",
"11月", "12月"]
12:
13: def get_data():
14:     dates = pd.date_range(start="2022-01-01", end="2022-12-31")
15:     sales_data = {
16:         "department": np.random.choice(departments, size=1000),
17:         "transaction_date": np.random.choice(dates, size=1000),
18:         "transaction_amount": np.random.uniform(10000, 1000000,
size=1000).round(2),
19:     }
20:     return pd.DataFrame(sales_data)
21:
22: sales_data = get_data()
23: sales_data["month"] = sales_data["transaction_date"].dt.month
24:
25: # タイトルの表示
26: st.title("20XX年 各部門の売上ダッシュボード")
27:
28: # 月ごとの部門別売上合計を計算
29: monthly_sales = sales_data.groupby(["department", "month"])["transaction_amo
unt"].sum().reset_index()
30: # monthly_salesを年次で集計(tooltipにmonthly_sales使用すると、月ごとの売上が表示されて
しまうため)
31: annual_sales = monthly_sales.groupby("department")["transaction_amount"].sum
().reset_index()
```

244 | 第4章　実践的なアプリケーション開発

```
32:
33: # 各部門の最新月の売上と前月比を表示
34: latest_month = monthly_sales["month"].max()
35: columns = st.columns(4)
36:
37: for i, department in enumerate(departments):
38:     latest_sales = monthly_sales[(monthly_sales["department"] == department)
& (monthly_sales["month"] == latest_month)]["transaction_amount"].values[0]
39:     previous_sales = monthly_sales[(monthly_sales["department"]
== department) & (monthly_sales["month"] == latest_month -
1)]["transaction_amount"].values[0]
40:     change = latest_sales - previous_sales
41:     with columns[i]:
42:         st.metric(label=f"{department}の売上 (最新月)",
value=f"{latest_sales:,.0f}円", delta=f"{change:,.0f}円", delta_color="normal")
43:
44: department_select = alt.selection_point(fields=["department"], empty="all")
45: formatter = alt.Tooltip('transaction_amount:Q', title='売上合計',
format=',.0f')   # カンマ区切りの数値フォーマット
46: department_pie = (
47:     alt.Chart(annual_sales)
48:     .mark_arc(innerRadius=50)
49:     .encode(
50:         theta=alt.Theta("transaction_amount", type="quantitative",
aggregate="sum", title="売上合計"),
51:         color=alt.Color(field="department", type="nominal",
scale=alt.Scale(domain=departments, range=colors), title="部門"),
52:         opacity=alt.condition(department_select, alt.value(1),
alt.value(0.25)),
53:         tooltip=[alt.Tooltip('department:N', title='部門'), formatter]
54:     )
55:     .add_params(department_select)
56:     .properties(title="部門別通年売上")
57: )
58:
59: department_summary = (
60:     alt.Chart(sales_data)
61:     .mark_bar()
62:     .encode(
63:         x=alt.X("month(transaction_date)", type="ordinal", title="月"),
64:         y=alt.Y(field="transaction_amount", type="quantitative",
```

```
aggregate="sum", title="売上合計"),
65:          color=alt.Color("department", type="nominal", title="部門",
scale=alt.Scale(domain=departments, range=colors)),
66:      )
67:      .transform_filter(department_select)
68:      .properties(width=700, title="月別売上")
69: )
70:
71: top_row = department_pie | department_summary
72: st.altair_chart(top_row)
```

4.4 インタラクティブなカテゴリー選択

本節では、StreamlitとAltairを使用して、カテゴリー別に商品データを選択し、その商品を可視化するアプリケーションの構築方法を学びます。例として、電子機器や家庭用電化製品などの大分類から始まり、詳細な分類（中分類、小分類）を選択することで、特定の商品のデータを絞り込み、可視化するアプリケーションを作成します。

サイドバーでのインタラクティブな分類選択、絞り込んだデータの表示、そして選択したデータの棒グラフによる可視化方法を詳細に解説します。これにより、データセットに応じたインタラクティブなデータ探索とデータ可視化が実現できます(図4.16, 図4.17)。

4.4.1 前準備

インタラクティブなカテゴリー選択アプリを構築する前に、まずはダミーデータを用意します。はじめに、「altair」、「pandas」、「random」をインポートします。そして、商品のカテゴリーや商品名を用意し、各製品にランダムな価格が割り当てられるように値を生成してデータフレームを用意します。

リスト4.15: 必要なライブラリーやダミーデータを用意

```
 1: import streamlit as st
 2: import pandas as pd
 3: import altair as alt
 4: import random
 5:
 6: st.set_page_config(layout='wide')
 7:
 8: # ダミーデータの生成（値段をキリのいい数値に）
 9: カテゴリー = ["電子機器", "家庭用電化製品", "家具", "スポーツ用品", "玩具"]
10: 商品分類 = {
11:     "電子機器": ["コンピューター", "携帯電話", "カメラ", "オーディオ"],
```

246 │ 第4章 実践的なアプリケーション開発

```
12:        "家庭用電化製品": ["キッチン家電", "洗濯家電", "掃除機", "エアコン"],
13:        "家具": ["リビング家具", "寝室家具", "オフィス家具"],
14:        "スポーツ用品": ["屋内スポーツ", "屋外スポーツ", "フィットネス"],
15:        "玩具": ["教育玩具", "アクションフィギュア", "パズル"]
16: }
17: 商品名 = {
18:        "コンピューター": ["ノートパソコン", "デスクトップ", "タブレット"],
19:        "携帯電話": ["スマートフォン", "フィーチャーフォン"],
20:        "カメラ": ["デジタルカメラ", "ビデオカメラ"],
21:        "オーディオ": ["ヘッドフォン", "スピーカー"],
22:        "キッチン家電": ["電子レンジ", "冷蔵庫", "炊飯器"],
23:        "洗濯家電": ["洗濯機", "乾燥機"],
24:        "掃除機": ["ロボット掃除機", "ハンディ掃除機"],
25:        "エアコン": ["ウィンドウエアコン", "ポータブルエアコン"],
26:        "リビング家具": ["ソファ", "テーブル", "テレビ台"],
27:        "寝室家具": ["ベッド", "クローゼット", "ナイトテーブル"],
28:        "オフィス家具": ["デスク", "オフィスチェア", "本棚"],
29:        "屋内スポーツ": ["ヨガマット", "ダンベル"],
30:        "屋外スポーツ": ["テニスラケット", "サッカーボール"],
31:        "フィットネス": ["エクササイズバイク", "ランニングマシン"],
32:        "教育玩具": ["ブロック", "パズル"],
33:        "アクションフィギュア": ["スーパーヒーロー", "ロボット"],
34:        "パズル": ["ジグソーパズル", "3Dパズル"]
35: }
36:
37: data = []
38: for category in カテゴリー:
39:        for subcategory in 商品分類[category]:
40:            for subsubcategory in 商品名.get(subcategory, ["その他"]):
41:                for i in range(1, 6):
42:                    product = f"製品{i}"
43:                    value = random.randint(100, 2000) // 100 * 100   # 100の倍数で丸
める
44:                    data.append({"category": category, "subcategory":
subcategory, "subsubcategory": subsubcategory, "product": product, "value":
value})
45:
46: # データフレームの作成
47: df = pd.DataFrame(data)
```

4.4.2　サイドバーにカテゴリーを選択機能を実装

　サイドバーにセレクトボックスでカテゴリーを選択できる機能を実装します。製品大分類を選択すると、その大分類の中の製品中分類がセレクトボックスで選択でき、さらにその中の製品小分類がセレクトボックスで選択できるように実装してあります。そして、それらの分類に該当するデータだけにフィルタリングされて、filtered_data 変数にデータフレームとして格納します。

リスト4.16: サイドバーにカテゴリー選択機能を実装

```
 1: ## 先ほどのコードの下に以下を追加 ##
 2: with st.sidebar:
 3:     st.title('製品の選択')
 4:     selected_category = st.selectbox('製品大分類の選択',
df['category'].unique())
 5:     selected_subcategory = st.selectbox('製品中分類の選択', df[df['category'] ==
selected_category]['subcategory'].unique())
 6:     selected_subsubcategory = st.selectbox('製品小分類の選択',
df[(df['category'] == selected_category) & (df['subcategory'] ==
selected_subcategory)]['subsubcategory'].unique())
 7:
 8: # 絞り込んだデータの表示
 9: filtered_data = df[(df['category'] == selected_category) &
10:                    (df['subcategory'] == selected_subcategory) &
11:                    (df['subsubcategory'] == selected_subsubcategory)]
```

4.4.3　データの表示

　最後に、以下のようにデータを表示するためのスクリプトを作成します。
　「st.header」でのヘッダーの作成から始まり、英語のカラム名を日本語に変換する変数を用意します。そして、データフレームを表示するだけでなく、「st.download_button」でCSVとしてダウンロードできる機能も追加しました。また、データフレームの下に「st.altair_chart」で、選択した製品分類のグラフも出力するように実装しました。

リスト4.17: データの表示

```
 1: ## 先ほどのコードの下に以下を追加 ##
 2: # データの表示
 3: st.header('製品データ可視化ダッシュボード')
 4: column_config = {
 5:     "category": st.column_config.Column("製品大分類"),
 6:     "subcategory": st.column_config.Column("製品中分類"),
 7:     "subsubcategory": st.column_config.Column("製品小分類"),
 8:     "product": st.column_config.Column("製品名"),
```

```python
 9:        "value": st.column_config.NumberColumn("価格", format="￥%.0f"),
10: }
11:
12: st.dataframe(filtered_data, hide_index=True, column_config=column_config,
use_container_width=True, height=250)
13:
14: # データのダウンロードリンクの作成
15: csv = filtered_data.to_csv(index=False)
16: st.download_button(
17:        label="CSVとしてダウンロード",
18:        data=csv,
19:        file_name='filtered_data.csv',
20:        mime='text/csv',
21: )
22:
23: # データの可視化
24: bar_chart = alt.Chart(filtered_data).mark_bar().encode(
25:        x=alt.X('product', title='製品名'),
26:        y=alt.Y('value', title='価格'),
27:        tooltip=[alt.Tooltip('product', title='製品名'), alt.Tooltip('value',
title='値段')]
28: ).properties(
29:        width=600,
30:        height=400,
31:        title='製品ごとの値段'
32: )
33:
34: pie_chart = alt.Chart(filtered_data).mark_arc().encode(
35:        theta=alt.Theta(field="value", type="quantitative", title='価格'),
36:        color=alt.Color(field="product", type="nominal", title='製品名'),
37:        tooltip=[alt.Tooltip('product', title='製品名'), alt.Tooltip('value',
title='値段')]
38: ).properties(
39:        width=600,
40:        height=400,
41:        title='製品ごとの割合'
42: )
43:
44: # グラフの表示
45: col1, col2 = st.columns(2)
46: with col1:
```

```
47:        st.altair_chart(bar_chart, use_container_width=True)
48: with col2:
49:        st.altair_chart(pie_chart, use_container_width=True)
```

4.4.4 完成したスクリプト

以上で、セレクトボックスでカテゴリーを選択することで、選択したカテゴリーの数値を可視化するアプリケーションが完成しました。最終的にできあがったコードはこちらです。

リスト4.18: 完成したアプリケーション

```
 1: import streamlit as st
 2: import pandas as pd
 3: import altair as alt
 4: import random
 5:
 6: st.set_page_config(layout='wide')
 7:
 8: # ダミーデータの生成（値段をキリのいい数値に）
 9: カテゴリー = ["電子機器", "家庭用電化製品", "家具", "スポーツ用品", "玩具"]
10: 商品分類 = {
11:     "電子機器": ["コンピューター", "携帯電話", "カメラ", "オーディオ"],
12:     "家庭用電化製品": ["キッチン家電", "洗濯家電", "掃除機", "エアコン"],
13:     "家具": ["リビング家具", "寝室家具", "オフィス家具"],
14:     "スポーツ用品": ["屋内スポーツ", "屋外スポーツ", "フィットネス"],
15:     "玩具": ["教育玩具", "アクションフィギュア", "パズル"]
16: }
17: 商品名 = {
18:     "コンピューター": ["ノートパソコン", "デスクトップ", "タブレット"],
19:     "携帯電話": ["スマートフォン", "フィーチャーフォン"],
20:     "カメラ": ["デジタルカメラ", "ビデオカメラ"],
21:     "オーディオ": ["ヘッドフォン", "スピーカー"],
22:     "キッチン家電": ["電子レンジ", "冷蔵庫", "炊飯器"],
23:     "洗濯家電": ["洗濯機", "乾燥機"],
24:     "掃除機": ["ロボット掃除機", "ハンディ掃除機"],
25:     "エアコン": ["ウィンドウエアコン", "ポータブルエアコン"],
26:     "リビング家具": ["ソファ", "テーブル", "テレビ台"],
27:     "寝室家具": ["ベッド", "クローゼット", "ナイトテーブル"],
28:     "オフィス家具": ["デスク", "オフィスチェア", "本棚"],
29:     "屋内スポーツ": ["ヨガマット", "ダンベル"],
30:     "屋外スポーツ": ["テニスラケット", "サッカーボール"],
31:     "フィットネス": ["エクササイズバイク", "ランニングマシン"],
```

```
32:        "教育玩具": ["ブロック", "パズル"],
33:        "アクションフィギュア": ["スーパーヒーロー", "ロボット"],
34:        "パズル": ["ジグソーパズル", "3Dパズル"]
35: }
36:
37: data = []
38: for category in カテゴリー:
39:     for subcategory in 商品分類[category]:
40:         for subsubcategory in 商品名.get(subcategory, ["その他"]):
41:             for i in range(1, 6):
42:                 product = f"製品{i}"
43:                 value = random.randint(100, 2000) // 100 * 100   # 100の倍数で丸
める
44:                 data.append({"category": category, "subcategory":
subcategory, "subsubcategory": subsubcategory, "product": product, "value":
value})
45:
46: # データフレームの作成
47: df = pd.DataFrame(data)
48:
49: # サイドバーでの選択
50: with st.sidebar:
51:     st.title('製品の選択')
52:     selected_category = st.selectbox('製品大分類の選択',
df['category'].unique())
53:     selected_subcategory = st.selectbox('製品中分類の選択', df[df['category'] ==
selected_category]['subcategory'].unique())
54:     selected_subsubcategory = st.selectbox('製品小分類の選択',
df[(df['category'] == selected_category) & (df['subcategory'] ==
selected_subcategory)]['subsubcategory'].unique())
55:
56: # 絞り込んだデータの表示
57: filtered_data = df[(df['category'] == selected_category) &
58:                    (df['subcategory'] == selected_subcategory) &
59:                    (df['subsubcategory'] == selected_subsubcategory)]
60:
61: # データの表示
62: st.header('製品データ可視化ダッシュボード')
63: column_config = {
64:     "category": st.column_config.Column("製品大分類"),
65:     "subcategory": st.column_config.Column("製品中分類"),
```

```
66:        "subsubcategory": st.column_config.Column("製品小分類"),
67:        "product": st.column_config.Column("製品名"),
68:        "value": st.column_config.NumberColumn("価格", format="￥%.0f"),
69: }
70:
71: st.dataframe(filtered_data, hide_index=True, column_config=column_config,
use_container_width=True, height=250)
72:
73: # データのダウンロードリンクの作成
74: csv = filtered_data.to_csv(index=False)
75: st.download_button(
76:        label="CSVとしてダウンロード",
77:        data=csv,
78:        file_name='filtered_data.csv',
79:        mime='text/csv',
80: )
81:
82: # データの可視化
83: bar_chart = alt.Chart(filtered_data).mark_bar().encode(
84:        x=alt.X('product', title='製品名'),
85:        y=alt.Y('value', title='価格'),
86:        tooltip=[alt.Tooltip('product', title='製品名'), alt.Tooltip('value',
title='値段')]
87: ).properties(
88:        width=600,
89:        height=400,
90:        title='製品ごとの値段'
91: )
92:
93: pie_chart = alt.Chart(filtered_data).mark_arc().encode(
94:        theta=alt.Theta(field="value", type="quantitative", title='価格'),
95:        color=alt.Color(field="product", type="nominal", title='製品名'),
96:        tooltip=[alt.Tooltip('product', title='製品名'), alt.Tooltip('value',
title='値段')]
97: ).properties(
98:        width=600,
99:        height=400,
100:       title='製品ごとの割合'
101: )
102:
103: # グラフの表示
```

252 | 第4章 実践的なアプリケーション開発

```
104: col1, col2 = st.columns(2)
105: with col1:
106:     st.altair_chart(bar_chart, use_container_width=True)
107: with col2:
108:     st.altair_chart(pie_chart, use_container_width=True)
```

図 4.16: インタラクティブなカテゴリー選択 (操作前)

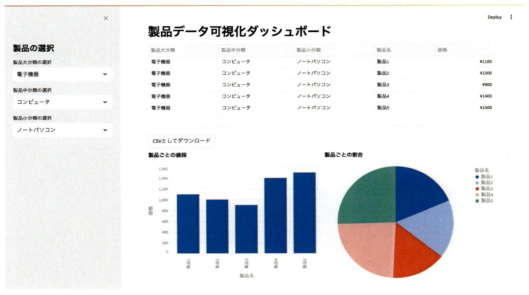

図 4.17: インタラクティブなカテゴリー選択 (操作後)

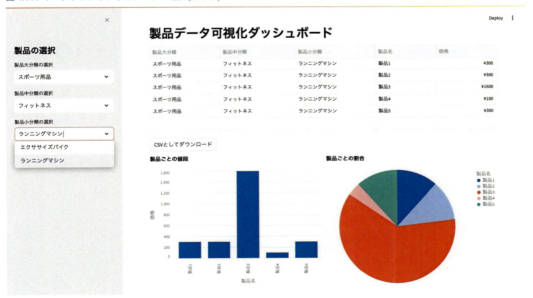

4.5 クリップボードにデータをコピーする

この節では、データフレームのデータをワンクリックでクリップボードにコピーする機能を紹介します。たとえば、製品の販売データを管理する場合、必要なデータを選択し、簡単に他のアプリケーション（たとえばExcelやGoogleスプレッドシート）に貼り付けることができます。これにより、手作業によるコピー&ペーストの手間を省き、業務効率を向上させることができます(図4.18)。

4.5.1 前準備

データフレームのデータをクリップボードにコピーする機能を実装するための、サードパーティコンポーネント[16]が存在しているため、まずはそちらをpipでインストールします。

```
$ pip install st-copy-to-clipboard
```

そして、pandasなどのライブラリーを一緒にインポートし、データフレームとしてダミーデータを用意します。

リスト4.19: 必要なライブラリーやダミーデータを用意

```
 1: import streamlit as st
 2: import pandas as pd
 3: from st_copy_to_clipboard import st_copy_to_clipboard
 4:
 5: # テストデータセットを作成
 6: data = {
 7:     '製品ID': [f'P{i:03d}' for i in range(1, 101)],
 8:     'カテゴリー': ['食品', '衣料品', '家電', '家具', '書籍'] * 20,
 9:     '価格': [1000, 2000, 3000, 4000, 5000] * 20,
10:     '在庫数': [10, 20, 30, 40, 50] * 20,
11:     '売上数': [5, 10, 15, 20, 25] * 20
12: }
13: df = pd.DataFrame(data)
```

4.5.2 データの表示とコピー機能の実装

最後に、データを表示するためのスクリプトおよびクリップボードへのコピーをワンクリックで行うための機能を実装するスクリプトを作成します。

まず、「st.title」でダッシュボードのタイトルを設定し、データフレームを出力できるようにします。次に、「st_copy_to_clipboard」を使用して、データフレームの内容をクリップボードにコピー

16.https://github.com/mmz-001/st-copy-to-clipboard

する機能を実装します。さらに、「st.multiselect」を使用してデータフレームのカラムを複数選択できるようにし、選択したカラムをクリップボードにコピーする機能を追加します。

具体的には、「st.multiselect」で選択したカラムを変数に格納し、そのデータフレームをCSV形式の文字列に変換してから、「st_copy_to_clipboard」に渡す仕組みで実装します。これにより、「st_copy_to_clipboard」ボタンをクリックするだけで、マルチセレクトボックスで選択したカラムをクリップボードにコピーすることが可能になります。

リスト4.20: データフレームの表示とコピー機能の実装

```
 1: ## 先ほどのコードの下に以下を追加 ##
 2: # Streamlit アプリケーションの構築
 3: st.title('製品購入データ')
 4:
 5: # データフレームの表示
 6: st.dataframe(df)
 7:
 8: # 選択された列のみのデータフレームを取得
 9: selected_columns = st.multiselect('コピーする列を選択してください',
df.columns.tolist(), default=df.columns.tolist())
10: df_selected = df[selected_columns]
11:
12: # データフレームをCSV形式で文字列に変換
13: clipboard_text = df_selected.to_csv(index=False, sep='\t', encoding='utf-8')
14:
15: # クリップボードにコピー
16: st_copy_to_clipboard(text=clipboard_text, before_copy_label=':clipboard: ク
リップボードにコピー', after_copy_label=':white_check_mark: コピーしました') # 絵文字の
shortcodesは実際の絵文字に置き換えてください。
```

4.5.3 完成したスクリプト

以上でクリップボードにデータフレームのデータをワンクリックでコピーできるアプリケーションが完成しました。以下が最終的にできあがったコードです。

リスト4.21: 完成したアプリケーション

```
1: import streamlit as st
2: import pandas as pd
3: from st_copy_to_clipboard import st_copy_to_clipboard
4:
5: # テストデータセットを作成
6: data = {
7:     '製品ID': [f'P{i:03d}' for i in range(1, 101)],
```

第4章　実践的なアプリケーション開発　255

```
 8:        'カテゴリー': ['食品', '衣料品', '家電', '家具', '書籍'] * 20,
 9:        '価格': [1000, 2000, 3000, 4000, 5000] * 20,
10:        '在庫数': [10, 20, 30, 40, 50] * 20,
11:        '売上数': [5, 10, 15, 20, 25] * 20
12: }
13: df = pd.DataFrame(data)
14:
15: # Streamlit アプリケーションの構築
16: st.title('製品購入データ')
17:
18: # データフレームの表示
19: st.dataframe(df)
20:
21:
22: # 選択された列のみのデータフレームを取得
23: selected_columns = st.multiselect('コピーする列を選択してください',
df.columns.tolist(), default=df.columns.tolist())
24: df_selected = df[selected_columns]
25:
26: # データフレームをCSV形式で文字列に変換
27: clipboard_text = df_selected.to_csv(index=False, sep='\t', encoding='utf-8')
28:
29: # クリップボードにコピー
30: st_copy_to_clipboard(text=clipboard_text, before_copy_label=':clipboard: ク
リップボードにコピー', after_copy_label=':white_check_mark: コピーしました') # 絵文字の
shortcodesは実際の絵文字に置き換えてください。
```

256 | 第4章 実践的なアプリケーション開発

図4.18: クリップボードにデータをコピーするアプリケーション

4.6 位置情報と関連する属性情報の地図上での可視化

　StreamlitとPydeckを使用して、位置情報と関連する属性情報を地図上で可視化する方法について説明します。特にPydeckの基本的なクラスであるLayerやViewStateについて詳しく学び、これらを使って地図の見た目や動作を制御します。(図4.19)

　第3章でも解説をしましたが、Pydeckはdeck.glライブラリーをPythonで使用して地図の作成とカスタマイズを簡単に行える、非常に便利なライブラリーです。アプリケーション開発に取りかかる前に、まずは「st.pydeck_chart」で使用するLayerやViewStateといったPydeckの基本的なクラスについて説明します。

4.6.1　PydeckのLayerについて

　Layerはdeck.glの基本的なコンセプトで、主にデータをマップ上にレンダリングするために使用します。地図上に表示するデータの種類や表示方法を定義するために使用します。[17]Layerには多くの種類が存在し、deck.glの公式ドキュメントの「Layer Catalog Overview」[18]で紹介されています。

　Layerクラスには、以下のようなパラメータが存在しています。[19]「**kwargs」パラメータとして、各Layerで使用できるパラメータを指定することもできます。たとえば、後ほど紹介する「ColumnLayer」であれば、deck.glのColumnLayerの公式ドキュメントのページ[20]にてパラメータを確認することが

---

17. https://deck.gl/docs/api-reference/layers
18. https://deck.gl/docs/api-reference/layers
19. https://deckgl.readthedocs.io/en/latest/layer.html
20. https://deck.gl/docs/api-reference/layers/column-layer

できます。ひとつ注意点があり、deck.glのドキュメントでは「elevationScale」というように、選択可能なパラメータがキャメルケースで紹介されていますが、pydeckで使用するときは「elevation_scale」というようにスネークケースで使用する必要があります。

- type(str): レンダリングするLayerの種類を指定します (例:HexagonLayer)。
- id(str): Layerのユニークな名前を指定します。デフォルトはNoneです。
- data(any): リスト型、辞書型、データフレームなどで可視化するデータを指定します。
- use_binary_transport(bool): バイナリデータを使用するかどうかをBooleanで指定します。
- **kwargs: typeで指定したLayerのパラメータを指定します。ColumnLayerを使用した場合はColumnLayerのパラメータを指定できます。

本書で作成するアプリケーションでは、「ColumnLayer」というLayerを使用します。ColumnLayerは指定された座標に3Dの円柱をプロットするLayerです。HexagonLayerと非常に似ているのですが、HexagonLayerと違い、データフレーム内の特定のカラムの値をもとにプロットするのに有用なLayerとなっています。

一方、HexagonLayerは「longitude」や「latitude」などの座標のカラムだけを使用することで、その位置に六角形をプロットし、六角形の密度をもとに3D棒グラフをプロットします。座標のカラムによって六角形の位置が決まり、特定の位置の六角形の数が増えればその分、六角形が積み重なって3Dの棒グラフになるイメージです。

4.6.2 PydeckのViewStateについて

ViewStateは、deck.glの視覚化において、カメラの現在の状態を定義するためのオブジェクトです。こちらを使用することで、カメラの位置、ズームレベル、回転角度などを設定することができます。

ViewStateには、以下のようなパラメータが存在しています。[21]

- longitude(float): 可視化する地図の中心となる経度を指定します。デフォルトはNoneです。
- latitude(float): 可視化する地図の中心となる緯度を指定します。デフォルトはNoneです。
- zoom(float): 地図の拡大レベルを指定します。0~24が設定可能です。0が世界全体が表示され、24に近づくにつれ地図が拡大されます。デフォルトはNoneです。
- min_zoom(float): アプリケーション使用者ができる最小のズームレベルを指定します。
- max_zoom(float): アプリケーション使用者ができる最大のズームレベルを指定します。
- pitch(float): 地図の表示角度を設定します。たとえば、45度に設定すると斜めからの視点で表示されます。デフォルトはNoneです。
- bearing(float): 地図の真北に対する左右の角度を指定します。0は真北に向いており、値を増やすと時計回りに回転します。デフォルトはNoneです。

4.6.3 完成したスクリプト

以下が完成したアプリケーションのスクリプトです。最初に、「pandas」や「pydeck」といった、

21.https://deckgl.readthedocs.io/en/latest/view_state.html

258 第4章 実践的なアプリケーション開発

必要なライブラリーとダミーデータを用意しています。

「ColumnLayer」の「get_position」に経度と緯度を設定して、「get_elevation」に棒グラフで可視化したいカラムを指定するというのが、主に実装している内容です。このように実装することによって、非常に簡単に日本地図上に3D棒グラフを可視化することができます。

あとは、「Layerについて」や「ViewState」についての節で紹介したパラメータを活用することで、地図の表示方法を調整しているだけです。ズームの倍率や地図をどのような角度で表示するのか、プロットする棒グラフの色や円の半径などです。これらを調整することによって、地図アプリケーションのビジュアルを好みに合うように修正し、視認性を高めることができます。

リスト4.22: 完成したアプリケーション

```
 1: import streamlit as st
 2: import pandas as pd
 3: import pydeck as pdk
 4:
 5: # 元のデータフレームに追加します
 6: data = pd.DataFrame({
 7:     '都道府県': ['東京', '大阪', '京都', '愛知', '北海道',
 8:                 '福岡', '神奈川', '千葉', '埼玉', '静岡',
 9:                 '広島', '岡山', '宮城', '長野', '滋賀',
10:                 '石川', '山口', '愛媛', '鹿児島', '沖縄'],
11:     '緯度': [35.6895, 34.6937, 35.0116, 35.1802, 43.2203,
12:             33.5904, 35.4478, 35.6051, 35.8617, 34.9769,
13:             34.3853, 34.6617, 38.2688, 36.6513, 35.2153,
14:             36.5947, 34.1856, 33.6248, 31.9111, 26.2124],
15:     '経度': [139.6917, 135.5023, 135.7681, 136.9066, 142.8635,
16:             130.4017, 139.6425, 140.1233, 139.6486, 138.3831,
17:             132.4553, 133.9350, 140.8710, 138.1812, 136.0722,
18:             136.5851, 131.4714, 132.8560, 130.6769, 127.6790],
19:     '売上': [100000, 75000, 50000, 80000, 60000,
20:             40000, 60000, 30000, 45000, 25000,
21:             35000, 20000, 30000, 40000, 50000,
22:             60000, 70000, 80000, 90000, 100000]
23: })
24:
25: st.title("都道府県別売上可視化マップ")
26: # PyDeckを使用して地図を描画します
27: st.pydeck_chart(pdk.Deck(
28:     map_style=None,
29:     initial_view_state=pdk.ViewState(
30:         latitude=34.5,
31:         longitude=135.0,
```

第4章　実践的なアプリケーション開発　259

```
32:         zoom=4,      # ズームレベルを指定
33:         pitch=45,    # 地図の表示角度を指定
34:     ),
35:     layers=[
36:         pdk.Layer(
37:             'ColumnLayer',
38:             data=data,  # 使用するデータフレームを指定
39:             get_position=['経度', '緯度'],  # 経度と緯度を表すカラムを指定
40:             get_value='売上',  # 3D棒グラフとしてプロットしたいカラムを指定
41:             get_fill_color='[255, 165, 0, 140]',  # RGBAでプロットするグラフの色を
指定
42:             radius=30000,  # 売上データのグラフの半径を指定
43:             elevation_scale=100,  # 売上データの標高の基準を指定
44:         ),
45:     ],
46: ))
47:
48: st.dataframe(data, hide_index=True, use_container_width=True)
```

図 4.19: 都道府県別売上可視化マップ

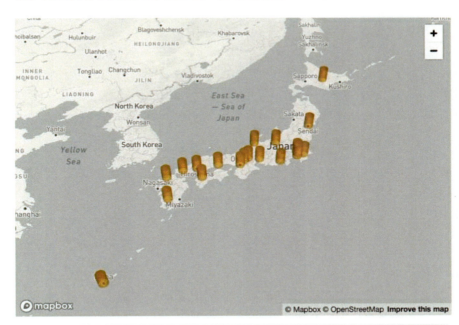

都道府県	緯度	経度	売上
東京	35.6895	139.6917	100,000
大阪	34.6937	135.5023	75,000
京都	35.0116	135.7681	50,000
愛知	35.1802	136.9066	80,000
北海道	43.2203	142.8635	60,000
福岡	33.5904	130.4017	40,000
神奈川	35.4478	139.6425	60,000
千葉	35.6051	140.1233	30,000

4.7 インタラクティブなデータ探索

第3章にて述べた通り、サードパーティコンポーネントを導入することにより、Streamlitの標準ライブラリーでは提供されない機能をアプリケーションに統合できます。この節では、「PygWalker」[22]というサードパーティコンポーネントを紹介します。

22.https://github.com/Kanaries/pygwalker

「PygWalker」は、Python環境でPandasデータフレームを簡単に視覚化し、インタラクティブな
データ探索を可能にするツールです。Streamlitと組み合わせることで、Webブラウザー上で簡単に
データ探索を行うことができます。データ分析者がデータの内容を詳細に把握したり、データの欠
損値や異常値を確認したり、データ分布を把握するのに非常に有用です。

PygWalkerをStreamlitで動かす方法と、その具体的な活用シーンについて紹介します。

4.7.1 PyGWalkerを使ったアプリケーション開発

アプリケーションは、非常に短く簡単なスクリプトで作成することができます。

まずは、PygWalkerを使用するために「PygWalker」のインストールとダミーデータの生成、ラ
イブラリーのインポートなどを行います。はじめに、「PygWalker」のインストールを行います。

```
$ pip install pygwalker
```

また、「pygwalker」、「pandas」、「numpy」などのライブラリーをインポートします。
「set_page_config」のlayoutもwideに設定して、アプリケーションを見やすく調整しておきます。
そして、店舗毎の日別の売上、顧客数、商品カテゴリーが入っているダミーデータを用意しました。
最後に、「PygWalker」の「StreamlitRender」を使用して、データフレームをStreamlitアプリケー
ション上に「PygWalker」を表示して完成となります。

リスト4.23: 完成したアプリケーション

```
 1: import pygwalker as pyg
 2: import pandas as pd
 3: from pygwalker.api.streamlit import StreamlitRenderer
 4: import streamlit as st
 5: import numpy as np
 6:
 7:
 8: # Streamlitページの幅を調整する
 9: st.set_page_config(layout="wide")
10:
11: # データフレームの作成
12: data = {
13:     '日付': pd.date_range(start='2023-01-01', periods=100, freq='D'),
14:     '店舗': np.random.choice(['東京', '大阪', '名古屋', '福岡', '札幌'], size=100),
15:     '売上': np.random.randint(50, 1000, size=100),
16:     '顧客数': np.random.randint(1, 100, size=100),
17:     '商品カテゴリー': np.random.choice(['食品', '衣料', '家電', '書籍', '家具'],
size=100)
18: }
19:
```

262　第4章　実践的なアプリケーション開発

```
20: df = pd.DataFrame(data)
21:
22: pyg_app = StreamlitRenderer(df)
23: pyg_app.explorer()
```

4.7.2 インタラクティブにグラフを操作

アプリケーションが完成したので、グラフの作成方法を紹介します。「Data」タブをクリックすると、「PygWalker」が読み込んでいるデータを確認することができます (図4.20)。次に、「Visualization」タブにて、データをインタラクティブに可視化することができます (図4.21)。

「Visualization」タブで、「X-Axis」と「Y-Axis」に「Field List」欄に表示されているデータフレームのカラムをドラッグ&ドロップすることで、自由にデータを確認することができます。「X-Axis」と「Y-Axis」に設定するカラムをインタラクティブに操作することができるため、データの探索に非常に有用です。

図 4.20: Data タブの UI

図 4.21: Visualization タブの UI

第 4 章 実践的なアプリケーション開発

図4.22: Visualization タブにて X-Axis と Y-Axis を設定後

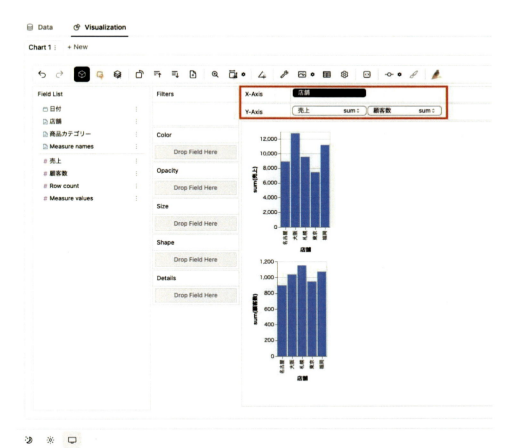

「Filters」や「Color」では、データのフィルタリングや指定したカラムのごとにグラフの色を変化させることが可能です。こちらにも、「Field List」に表示されているデータフレームのカラムをドラッグ&ドロップすることで設定をすることができます。試しに、「商品カテゴリー」をドラッグ&ドロップしてみました (図4.23)。棒グラフの色が値ごとに着色されていることが確認できます。

次に、「Filters」の機能を試してみます。「notIn:[]」をクリックすると、(図4.24) のような画面に遷移するので、「家電」と「家具」のチェックボックスのチェックを外して、「Confirm」をクリックしてみます。すると、グラフ上から「家電」と「家具」の分のデータが除外されました (図4.25)。

図 4.23: Filters と Color に商品カテゴリを選択

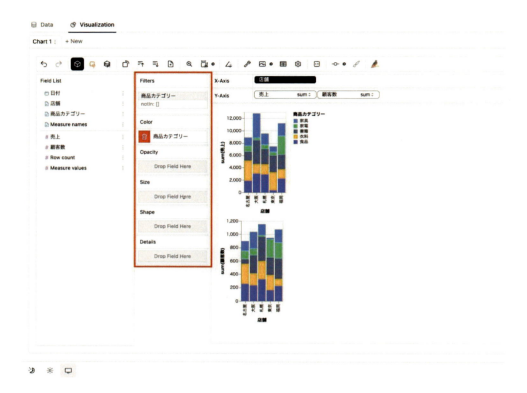

図 4.24: Filters 設定画面

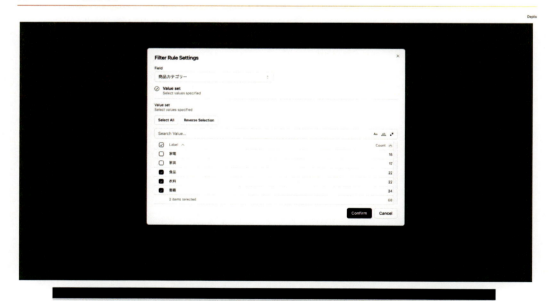

266　第 4 章　実践的なアプリケーション開発

図 4.25: Filters 使用後のグラフ

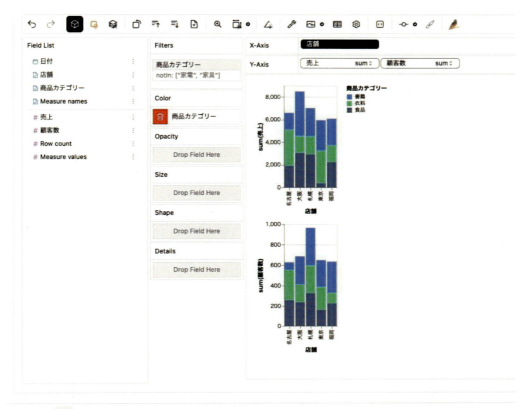

このように「PygWalker」では、Pandas のデータフレームを使用してインタラクティブにデータを可視化することができます。ドキュメントにて、棒グラフだけではなく箱ひげ図やヒートマップ、散布図など様々なグラフの作り方を確認することができるので、そちらを確認しながらデータを探索するのがおすすめです。[23]

4.7.3　その他の基本的な操作

「PygWalker」には、前述したもの以外にも様々な機能が用意されています。知っておくと便利な機能を紹介します。

4.7.3.1　グラフの大きさを変更する

PygWalker で作成されたグラフのサイズを変更するには、(図 4.26) の赤枠部分をクリックします。

23.https://docs.kanaries.net/graphic-walker/data-viz/create-data-viz

すると、「Fixed」が選択できるようになります。「Fixed」をクリックすると、グラフが太枠で囲われるので、ドラッグ&ドロップで幅（width）や高さ（height）を変更できます(図4.26, 図4.27)。

図4.26: グラフの大きさを変更する(変更前)

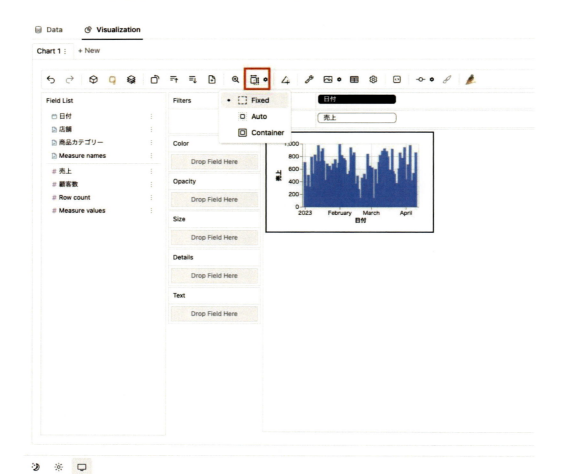

図 4.27: グラフの大きさを変更する (変更後)

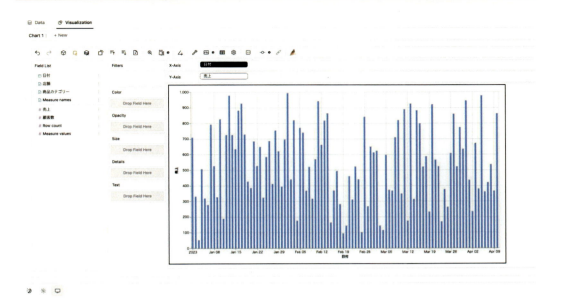

4.7.3.2　グラフの種類を変える

PygWalkerでグラフの形を変更するには、(図4.28)の赤枠部分をクリックします。すると、棒グラフ、面グラフ、折れ線グラフなど様々な形のグラフを生成することができます(図4.28)。

図 4.28: グラフの種類を変える

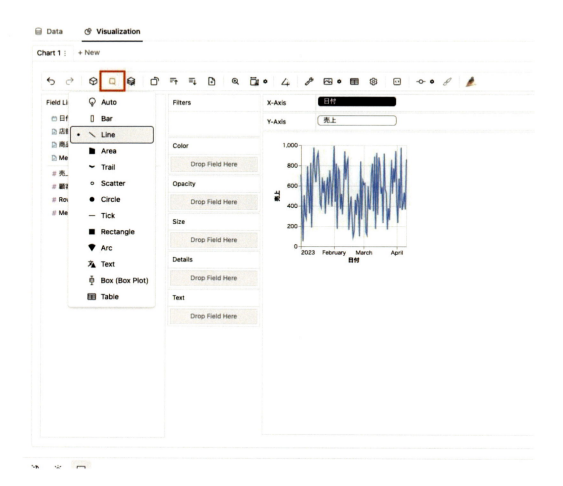

4.7.3.3　グラフの向きを変える

PygWalker でグラフの向きを変更するには、(図 4.29) の赤枠部分をクリックします。すると、グラフの向きが横向きに変わります (図 4.29)。

図 4.29: グラフの向きを変える

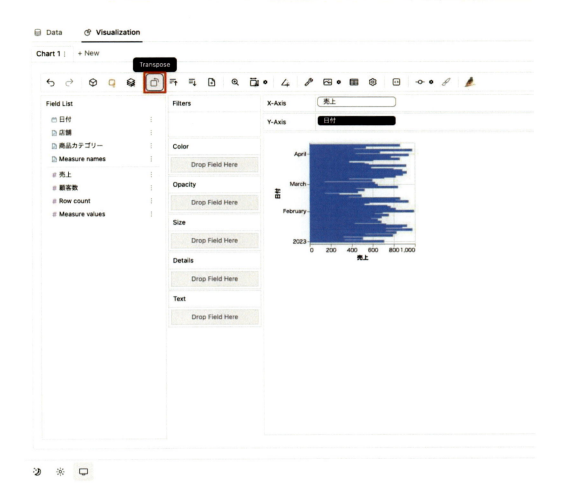

4.7.3.4 グラフをダウンロードする

PygWalker で表示したグラフは、png や svg などの形式でエクスポートすることができます。(図 4.30) の赤枠部分をクリックすると、エクスポートする形式を選択できるようになるので選択をします。選択すると PC 上にファイルがエクスポートされます。

図 4.30: グラフをダウンロードする

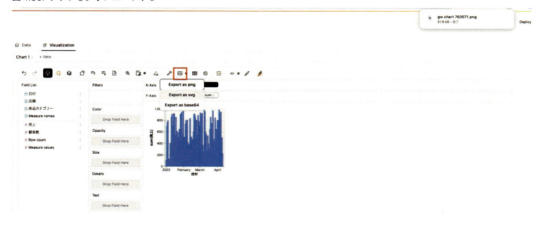

このように、PygWalkerはデータの探索に非常に役立ちます。

　以上が第4章の内容です。この章を通じて、Snowflakeとの連携やデータのメンテナンス、インタラクティブな機能の実装方法など、Streamlitの実践的なスキルを習得していただけたと思います。また、「Altair」や「Pydeck」などのライブラリーの特徴や基礎知識をしっかり学び、これらをStreamlitと組み合わせることで、より視認性の高い便利なアプリケーションを開発できるようになりました。Streamlitは、アイデア次第で非常に簡単に便利なアプリケーションを作成できる点が魅力です。次章では、私が実務で実際にStreamlitを使って作成したデータカタログを紹介します。

第5章　Streamlit in Snowflakeでのデータカタログの作成

本章では、Streamlitを使用してデータカタログを作成した方法について、実際の事例を通して具体的に解説します。データの管理と可視化は、現代のデータサイエンスやビジネス分析において不可欠な要素です。Streamlitを活用することで、効率的かつ柔軟なデータカタログを作成し、ビジネス上の意思決定をより根拠に基づいたものにできます。また、本章では作成したデータカタログをユーザーに共有するために、Streamlit in Snowflakeにデプロイする方法も解説します。

5.1　データカタログとは

　データカタログは、組織内外のデータの概要やメタデータを記録し、管理するためのシステムまたはツールです。その主な目的は、データの利用可能性、品質、セキュリティー、所有権などの情報を提供し、データの探索と理解を容易にすることです。企業や組織が保有するデータの膨大な量と多様性に対処するために不可欠なものであり、データ活用を促進し、意思決定を支援する役割を果たします。データカタログを使用することにより、データサイエンティスト、ビジネスアナリスト、意思決定者などがデータを効果的に検索、理解、そして活用することができます。

　今回Streamlitで作成したデータカタログには、以下の機能を使用してメタデータを確認できるように実装しました。特に、データ分析者がデータを理解し、効果的に活用するための情報を提供するように設計されています。

- ・指定したスキーマのテーブル一覧
- ・テーブルのカラム情報・プレビューの表示
- ・テーブルの概要欄に検索をかける

　以上の機能により、データ利活用者へのデータの理解と活用をサポートし、効率的なデータ分析作業を実現しました。

5.2　Streamlitでデータカタログを作成するまで

　前述した通り、データカタログは現代のデータ駆動型ビジネスにおいて不可欠な役割を果たします。

　こちらでは、実際の業務でデータカタログを導入しようと考えた経緯や、Streamlitでデータカタログを作成しようと考えた経緯やそのメリットについて紹介します。前述の通り、データカタログはデータの利用可能性、品質、セキュリティー、所有権などの情報を提供しますが、今回はデータ分析者のデータ活用を特に支援したかったため、データ活用に特化したデータカタログを作成しました。

5.2.1 Streamlitでデータカタログを作成するまでの経緯

Streamlitを活用して、データカタログを構築した経緯について紹介します。以下の内容に課題を感じており、それらを解消するためにデータカタログの作成を行いました。

まず、組織内でメタデータのメンテナンスが行き届いていない状況が課題となっていました。メタデータはExcelやスプレッドシートで管理されており、最新情報を得るためには都度アプリケーション開発側のエンジニアなどに確認する必要がありました。このような状況では、データの変更や追加がある度に手間がかかり、効率的なデータ管理が困難でした。業務でSnowflakeをデータ基盤として利用していたため、SnowflakeのCOMMENT[1]にメタデータを格納することにより、メタデータの一元管理が可能になると考えました。

さらに、市場にあるデータカタログのソフトウェアの多くは高額であり、利用コストが高いことも課題でした。組織内でのデータ管理を改善するためには、低コストで柔軟性のあるデータ管理ソリューションを探す必要がありました。

また、データ分析者が作業する際に、データの場所を理解するのに手間がかかっていました。データの場所や構造を把握するために時間を費やすことは、作業効率の低下につながりました。

以上のような課題を解決するために、Streamlitを活用して内製のデータカタログを構築することにしました。

5.2.2 Streamlitでデータカタログを作成するメリット

次に、データカタログ作成にStreamlitを使用するメリットについてです。StreamlitとSnowflakeを組み合わせてデータカタログを作成することには、以下の4つほど大きなメリットがありました。

ひとつ目は、低コストでデータカタログを導入できるというところです。StreamlitとSnowflakeを使用してデータカタログを自作することで、Snowflakeへのクエリの実行を行う料金のみのコストでデータカタログを構築することが可能です。市場のデータカタログは高額であることがデータカタログを導入する上で1番の大きな障壁だったのですが、StreamlitとSnowflakeを活用することで、この課題を解消することができました。

ふたつ目は、メタデータの最新情報の追跡が可能になるということです。SnowflakeのCOMMENTやコード内に設定を書くことで、データカタログの最新バージョンを追跡しやすくなります。これにより、メタデータの最新情報をSnowflake上で一元管理することが可能となりました。

3つ目は、UIを非常に手軽に構築できるというところです。Streamlitを使用することで、WEB開発の知識がなくても直感的で簡単なUIを作成することが可能です。これにより、データエンジニアがデータ分析者が使いやすいデータカタログを作成することができます。また、データ分析者のデータカタログへの機能の追加要望などを自由に実装できるところも魅力のひとつです。

4つ目は、デプロイを簡単に実施できるというところです。Streamlit in Snowflakeを使用することで、インフラ開発の知識がなくても簡単にデプロイすることができます。これにより、Snowflakeユーザーに対して、簡単にアプリケーションを共有することが可能です。

1.https://docs.snowflake.com/ja/sql-reference/sql/comment

5.3 Streamlit in Snowflakeにデータカタログをデプロイする

本節では、データカタログを実際にStreamlit in Snowflakeで動かしていきます。本書は入門書のため、GUIでわかりやすく操作できる「Snowsight」からデプロイに挑戦してみようと思います(図5.1)。

Streamlit in Snowflakeには、制限事項やサポートされていない機能がいくつか存在しています。第2章にて紹介しているので、そちらを参照ください。

図5.1: Streamlit in Snowflake のデプロイ画面1

今回は、Streamlit in Snowflakeでデータカタログを動かすため少し異なるPythonスクリプトを使用しますが、GitHubにサンプルコード[2]を公開しているため、そちらもご活用いただければと思います。公開しているサンプルコードには、TerraformとGitHub Actionsを使用してメタデータを自動更新するための仕組みも追加しております。資料を公開しているため、メタデータ自動更新機能もご活用いただければと思います。[3]

まずは、Snowflakeのメニューから、Project > Streamlitへ進みます。そして、画面右上の「+ Streamlit App」ボタンをクリックします。すると、(図5.2)のような画面になるので、「App title」を適当に設定します。「App location」はStreamlitアプリケーションを配置するデータベースやスキーマを指定します。「get_active_session」[4]を使用して認証情報を取得するために、Streamlitからアクセスしたいテーブルと同じ場所を指定しましょう。

2.https://github.com/genda-tech/sample-data-catalog
3.https://speakerdeck.com/gussan0223/streamlittoterraformdedetakataroguwozuo-tutahua
4.https://docs.snowflake.com/en/developer-guide/snowpark/reference/python/latest/api/snowflake.snowpark.context.get_active_session

図 5.2: Streamlit in Snowflake のデプロイ画面 2

これでアプリケーションの作成ができました。アプリケーションの画面に遷移すると、サンプルアプリケーションが用意されています(図 5.3)。

図 5.3: Streamlit in Snowflake のデプロイ画面 3

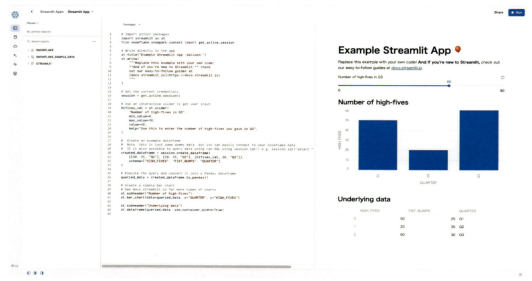

データカタログで Streamlit in Snowflake で動かす場合は、公開されているサンプルコードの Streamlit Authenticator[5] でのログイン機能や「secrets.toml」、「config.yaml」からの認証情報の読み込みが不要になるため、ソースコードとは大きく異なった Python スクリプトを使用する必要があります。そのため、今回はサンプルコードではなく、以下の Python スクリプトを Streamlit in Snowflake にコピペしてください。公開しているサンプルコードと異なる部分は、ログイン機能を実装している部分と、認証情報の取得方法の部分のみです。

5.https://github.com/mkhorasani/Streamlit-Authenticator

リスト 5.1: Streamlit in Snowflake で動かすデータカタログの Python スクリプト

```python
 1: import streamlit as st
 2: import pandas as pd
 3: from snowflake.snowpark.context import get_active_session
 4:
 5: st.set_page_config(
 6:     page_title="データカタログ",
 7:     layout="wide",
 8:     )
 9:
10: session = get_active_session()
11:
12: with st.sidebar:
13:     # スキーマ内のテーブル一覧から概要を検索できるようにするため、文字列変数に入れておけるようにしておく
14:     st.markdown('# テーブル概要検索')
15:     table_details_search = st.text_input('テーブル一覧の概要を検索')
16:
17:     st.markdown('# テーブル選択')
18:
19:     # データベースの一覧をリスト型で取得してselectboxでひとつ選択
20:     show_databases = session.sql("SHOW DATABASES").collect()
21:     database_rows = [row[1] for row in show_databases]
22:     # SNOWFLAKEとSNOWFLAKE_SAMPLE_DATAは選択肢から除外
23:     strings_to_remove = ["SNOWFLAKE", "SNOWFLAKE_SAMPLE_DATA"]
24:     for string_to_remove in strings_to_remove:
25:         if string_to_remove in database_rows:
26:             database_rows.remove(string_to_remove)
27:     select_database = st.selectbox('データベースを選択してください',
database_rows)
28:
29:     # スキーマの一覧をリスト型で取得してselectboxでひとつ選択
30:     show_schemas = session.sql(f"SHOW SCHEMAS IN DATABASE
{select_database};").collect()
31:     schema_rows = [row[1] for row in show_schemas]
32:     # INFORMATION_SCHEMAは選択肢から除外
33:     string_to_remove = "INFORMATION_SCHEMA"
34:     if string_to_remove in schema_rows:
35:         schema_rows.remove(string_to_remove)
36:     select_schema = st.selectbox('スキーマを選択してください', schema_rows)
37:
```

```
38:     # テーブルとビューの一覧をリスト型で取得してselectboxでひとつ選択
39:     # SHOW TABLESだけだとviewの情報を抽出することができないので、SHOW TABLESとSHOW
VIEWSを別々に実行
40:     show_tables = session.sql(f"SHOW TABLES IN {select_database}.{select_sch
ema}").collect()
41:     show_views = session.sql(f"SHOW VIEWS IN {select_database}.{select_schem
a}").collect()
42:     table_rows = [row[1] for row in show_tables]
43:     view_rows = [row[1] for row in show_views]
44:     table_view_rows = table_rows + view_rows
45:     select_table = st.selectbox('テーブルを選択してください', table_view_rows)
46:
47: # ページのタイトル
48: st.markdown(f"# {select_database}.{select_schema}")
49: show_schemas = session.sql(f"SHOW SCHEMAS IN DATABASE
{select_database};").collect()
50: # selectboxで選択したスキーマの概要を表示
51: show_schemas = [row for row in show_schemas if row[1] == select_schema]
52: show_schemas = show_schemas[0][6]
53:
54: # 指定したスキーマのテーブルの一覧
55: st.markdown(f'## テーブル一覧')
56: show_tables_df = pd.DataFrame(show_tables)
57: show_views_df = pd.DataFrame(show_views)
58: tables_df = show_tables_df.rename(columns={'name': 'column_name'})
59: views_df = show_views_df.rename(columns={'name': 'column_name'})
60: tables_views_df = pd.concat([tables_df, views_df])
61: tables_views_df = tables_views_df.loc[:, ['column_name', 'comment']]
62: # サイドバーにてinputboxに文字列を入れた場合、その文字列が入っているデータをデータフレーム
から抽出できるように実装
63: if table_details_search is None:
64:     st.dataframe(
65:         tables_views_df,
66:         column_config={
67:             "column_name": st.column_config.TextColumn("テーブル名"),
68:             "comment": st.column_config.TextColumn("概要", width="large")
69:         },
70:         hide_index=True,
71:     )
72: else:
73:     tables_views_df = tables_views_df[tables_views_df['comment'].str.contain
```

278 | 第5章　Streamlit in Snowflake でのデータカタログの作成

```
s(table_details_search, case=False)]
74:     st.dataframe(
75:         tables_views_df,
76:         column_config={
77:             "column_name": st.column_config.TextColumn("テーブル名"),
78:             "comment": st.column_config.TextColumn("概要", width="large")
79:         },
80:         hide_index=True,
81:     )
82:
83: # テーブルのカラムの詳細を表示
84: st.markdown(f"## {select_table}テーブルのカラム情報")
85: columns_details = session.sql(f"DESC TABLE {select_database}.{select_schema}.
{select_table}").collect()
86: column_detail_df = pd.DataFrame(columns_details)
87: column_detail_df = column_detail_df.rename(columns={'name': 'column_name',
'type': 'data_type'})
88: column_detail_df = column_detail_df.loc[:, ['column_name', 'data_type',
'comment']]
89: st.dataframe(
90:     column_detail_df,
91:     column_config={
92:         "column_name": st.column_config.TextColumn("カラム名"),
93:         "data_type": st.column_config.TextColumn("データタイプ",
width="medium"),
94:         "comment": st.column_config.TextColumn("概要", width="large")
95:     },
96:     hide_index=True,
97: )
98:
99: # テーブルのプレビューを表示
100: st.markdown(f'## プレビュー：{select_table}')
101: query = f"SELECT * FROM {select_database}.{select_schema}.{select_table}
limit 50"
102: preview = session.sql(query).collect()
103: st.dataframe(preview, hide_index=True)
```

　Streamlit in Snowflakeへのデータカタログのデプロイ作業は以上です。コンソール上の「Run」を実行すると無事データカタログを使えるようになるはずです。(図5.4)

図 5.4: データカタログのデプロイ完了

5.4 データカタログを使ってみる

前段にて、Streamlit in Snowflake にデータカタログを無事にデプロイすることができました。ここからは、データカタログへのメタデータの格納や実際の操作をしてみましょう。

5.4.1 データの用意

現段階では、まだデータカタログには十分にメタデータが入っていない状況です (図 5.5)。そのため、まずはテーブルやメタデータをいくつか入れてみましょう。

図 5.5: データカタログの初期状態

新しいテーブルを作成するCREATE文や既存のテーブルにCOMMENTを入れるALTER文、データを挿入するINSERT文などをいくつか用意してみました。

リスト 5.2: サンプルデータを用意するクエリの例

```
-- EMPLOYEESテーブルにコメントを入れる
ALTER TABLE STREAMLIT.MASTER.EMPLOYEES SET COMMENT = '従業員マスター';
ALTER TABLE STREAMLIT.MASTER.EMPLOYEES
ALTER (
    EMPLOYEE_ID COMMENT '従業員のID。このテーブルの主キー。',
    FIRST_NAME COMMENT '名前。',
```

第5章　Streamlit in Snowflakeでのデータカタログの作成 | 281

```sql
    LAST_NAME COMMENT '苗字。',
    SALARY COMMENT '給与。ドル単位で格納。',
    HIRE_DATE COMMENT '雇用した日。日本時間にて格納。'
);

-- 商品情報テーブル
CREATE TABLE STREAMLIT.MASTER.ITEMS (
    ITEM_ID INT COMMENT '商品の識別子',
    ITEM_NAME VARCHAR(100) COMMENT '商品の名称',
    CATEGORY_NAME VARCHAR(50) COMMENT '商品のカテゴリー',
    PRICE DECIMAL(10, 2) COMMENT '商品の価格',
    INVENTORY INT COMMENT '商品の在庫数'
) COMMENT = '販売商品の基本情報を格納するテーブル';


-- 商品情報テーブルへのデータ挿入
INSERT INTO STREAMLIT.MASTER.ITEMS (ITEM_ID, ITEM_NAME, CATEGORY_NAME, PRICE,
INVENTORY)
VALUES
    (1, 'ノートパソコン', 'パソコン', 80000.00, 10),
    (2, 'スマートフォン', '携帯電話', 60000.00, 20),
    (3, 'タブレット', 'タブレット', 40000.00, 15);

-- スキーマの作成
CREATE SCHEMA STREAMLIT.TRANSACTION;

-- 注文情報テーブル
CREATE TABLE STREAMLIT.TRANSACTION.ORDERS (
    ORDER_ID INT COMMENT '注文の識別子',
    CUSTOMER_ID INT COMMENT '注文を行った顧客のID',
    ITEM_ID INT COMMENT '注文された商品のID',
    ORDER_DATE TIMESTAMP COMMENT '注文が行われた日時',
    ITEM_COUNT INT COMMENT '注文された商品の数量'
) COMMENT = '顧客が行った注文の情報を格納するテーブル';

-- 注文情報テーブルへのデータ挿入
INSERT INTO STREAMLIT.TRANSACTION.ORDERS (ORDER_ID, CUSTOMER_ID, ITEM_ID,
ORDER_DATE, ITEM_COUNT)
VALUES
    (1, 1001, 1, '2024-05-07 10:30:00', 2),
    (2, 1002, 2, '2024-05-07 11:15:00', 1),
```

```
(3, 1003, 3, '2024-05-07 12:00:00', 3);
```

　上記のクエリを実行すると、画像のようにデータカタログ上にメタデータやテーブルが追加されました。これでデータカタログを問題なく使用できるようになっていることがわかります(図5.6)。

図5.6: データカタログにメタデータを追加

5.5　データカタログの操作

　ここまでで、Streamlit in Snowflakeにデータカタログをデプロイし、メタデータを格納するところまで完了しました。ここからは、実際にStreamlit in Snowflakeでデプロイされたデータカタログ

を操作しながら、その機能や利用方法について詳しく紹介します。

5.5.1　ドロップダウンメニューでテーブルを選択

　まずは、ドロップダウンメニューでテーブルを選択する機能について解説します。

　サイドバーにあるドロップダウンメニューを使用して、データベース、スキーマ、テーブルを選択できます。データベース用のドロップダウンメニューでデータベースを選択すると、そのデータベース内のスキーマがスキーマ用のドロップダウンメニューで選択できるようになります。そして、さらにスキーマを選択すると、そのスキーマ内のテーブルがテーブル用のドロップダウンメニューで選択できます。この機能により、データベース内の利用可能なテーブルを簡単に見つけることができます。

図 5.7: ドロップダウンメニューでテーブルを選択

　Pythonスクリプトでは、Snowflakeに対して「SHOW DATABASES」および「SHOW SCHEMAS」クエリを使用して、データベースおよびスキーマの一覧を抽出し、変数にリストとして格納しています。そして、選択したデータベース名を使って、関連するスキーマの一覧を取得し、それらをドロップダウンメニューに表示しています。これにより、データベース内のスキーマを簡単に選択できるように実装しました。

　この方法を用いることで、データベース内のテーブルに直感的にアクセスすることができます。

5.5.2　選択したテーブルのカラム情報・プレビューを表示

　サイドバーでテーブルを選択すると、そのテーブルのカラムのメタデータやデータのプレビュー

を表示できます。これにより、選択したテーブルの構造や内容を詳細に把握し、データ分析やクエリの作成に役立てることができます(図5.8)。

図5.8: 選択したテーブルのカラム情報・プレビューを表示

前述した通り、選択したデータベース名とスキーマ名を使用して、そのスキーマ内のテーブル名をドロップダウンメニューで選択できるようにしています。Pythonスクリプトはドロップダウンメニューでの操作後、選択されたデータベース名、スキーマ名、テーブル名を変数として受け取り、それらを使用してクエリを実行し、カラム情報とデータを取得してデータフレームとして表示します。

これにより、選択したテーブルのカラム情報やプレビューを確認できるようにしています。

5.5.3　テーブルの概要を検索

サイドバーのテキストボックスにキーワードを入力することで、「テーブル一覧」の概要カラムに対して検索をかけることができます。これにより、特定のキーワードや条件に基づいてテーブルをすばやく絞り込むことができます(図5.9)。

図5.9: テーブルの概要を検索

Pythonスクリプトでは、テキストボックスに入力されたテキストを変数に格納し、そのテキストが概要欄のテキストに含まれるデータのみを表示するように、条件分岐を実装しています。このようにして、メタデータに対して検索機能を提供しています。

以上の機能により、データカタログを効果的に活用し、データの理解と活用を促進できるように実装しました。ぜひ、このデータカタログを通じて迅速かつ効率的にデータにアクセスし、意思決定や問題解決のご活用いただければ幸いです。

第6章　StreamlitでChatBotを開発する

ChatBotは人工知能を利用してアプリケーション使用者との対話を自動化するプログラムで、自然言語処理技術を活用してアプリケーション使用者が入力した言語を理解し、適切な応答をテキストとして生成します。近年では、カスタマーサポートやインタラクティブなユーザーインターフェースとしての重要性が高まっています。

本章では、まずSnowflakeが提供する大規模言語モデル（LLM）であるSnowflake Cortexの概要について説明します。そして、StreamlitでChatBotを作成する際に便利な関数の使い方について解説します。最後に、学んだ機能とStreamlitを活用して、ChatBotアプリケーションの開発をしてみましょう。

6.1　Snowflake Cortexの概要

Snowflake Cortex[1]は、Snowflakeのデータプラットフォームに組み込まれた機械学習とデータサイエンスのための機能群です。

その主要な機能としては、まず「LLM関数」があり、GoogleやMetaなどの企業の研究者たちによって研究された、LLM(大規模言語モデル)をSQLを実行することで、使用することができます。また、Snowflake ArcticというSnowflakeが開発したLLMにアクセスすることも可能です。

そして、「Fine-tuning」[2]では、事前に学習されたLLMモデルをベースにして、そのモデルのパラメータを特定のデータセットに合わせて調整することができます。この機能を使用することで、社内のドキュメントを読み込ませてRAGを開発し、特定のタスクやデータセットに合わせて高精度な予測や分類を行うことが可能になります。Streamlitと組み合わせることで、社内の特定の分野に特化したヘルプデスク的なChatBotを開発することも可能になります。

6.2　Snowflake CortexのLLM関数の解説

Snowflake Cortexに用意されているLLM関数は、SQL関数として提供されています。StreamlitのPythonスクリプトとLLM関数を組み合わせることで、Streamlitアプリケーションに手軽にLLMの機能を実装することが可能です。Pythonでも使用することが可能ですが、Snowpark MLのバージョン1.1.2以降を使用する必要があります。[3]

1.https://docs.snowflake.com/en/user-guide/snowflake-cortex/llm-functions?_ga=2.132223883.485389677.1720239906-108370843.1682993017&_gac=1.1888
03673.1719879987.CjwKCAjwp4m0BhBAEiwAsdc4aOyZiPNtMGc-AbQkDcSWESWZkSlnur5GCVgVxt6TBG84w9Lqmx-3aBoCKVkQAvD_BwE

2.https://docs.snowflake.com/en/user-guide/snowflake-cortex/cortex-finetuning

3.https://docs.snowflake.com/en/user-guide/snowflake-cortex/llm-functions?_ga=2.132223883.485389677.1720239906-108370843.1682993017&_gac=1.1888
03673.1719879987.CjwKCAjwp4m0BhBAEiwAsdc4aOyZiPNtMGc-AbQkDcSWESWZkSlnur5GCVgVxt6TBG84w9Lqmx-3aBoCKVkQAvD_BwE#using-snowflake-
cortex-llm-functions-with-python

本章では、SQLの関数として使用できるLLM関数の紹介をしていきます。そして、最後にこれら
を活用してChatBotの開発に挑戦します。

6.2.1 COMPLETE関数

プロンプトが与えられると、「COMPLETE」関数は選択した言語モデルを使用してレスポンスを
生成します。

以下のフォーマットで、<model>にLLMの言語モデルを指定し、<prompt_or_history>にはプ
ロンプトや会話履歴を指定します。

リスト6.1: COMPLETE関数のフォーマット

```
SNOWFLAKE.CORTEX.COMPLETE(
    <model>, <prompt_or_history>)
```

本書執筆時点では、以下のLLMモデルが選択可能ですが、リージョンによって使用可能なLLM
モデルが異なるため、注意が必要です。

- snowflake-arctic
- mistral-large
- reka-flash
- reka-core
- mixtral-8x7b
- jamba-instruct
- llama2-70b-chat
- llama3-8b
- llama3-70b
- llama3.1-8b
- llama3.1-70b
- llama3.1-405b

6.2.2 EMBED_TEXT_768関数・EMBED_TEXT_1024関数

与えられた英語のテキストに対して、768次元または1024次元でベクトル化します。ベクトル化
とは、機械学習に役立つ仕組みで、単語・文章・画像などを数値の配列(ベクトル)としてまとめて、
人間の言葉などをコンピューターが理解できるようにするための処理です。

以下のフォーマットで、<model>にLLMの言語モデルを指定し、<text>にはベクトル化したい
テキストを指定します。

リスト6.2: EMBED_TEXT_768・EMBED_TEXT_1024のフォーマット

```
SNOWFLAKE.CORTEX.EMBED_TEXT_1024( <model>, <text> )
```

　本書執筆時点では、「snowflake-arctic-embed-m」と「nv-embed-qa-4」などのLLMモデルが選択可能ですが、リージョンによって使用可能なLLMモデルが異なるため、注意が必要です。

6.2.3　EXTRACT_ANSWER関数

　質問に対する答えをテキスト文書から抽出します。テキスト文書は英語のドキュメントでも、JSONなどの半構造化データでも対応可能です。

　以下のフォーマットの<source_document>に質問の答えを含むテキスト文書やJSONを指定し、<question>に質問を指定します。

リスト6.3: EXTRACT_ANSWERのフォーマット

```
SNOWFLAKE.CORTEX.EXTRACT_ANSWER(
    <source_document>, <question>)
```

6.2.4　SENTIMENT関数

　与えられた英語のテキストの感情を、−1~1のスコアで返します。-1がマイナスな感情、1がポジティブな感情、0が中間的な感情です。

　以下のフォーマットの<text>に、感情分析したいテキストを英語で指定します。

リスト6.4: SENTIMENT関数のフォーマット

```
SNOWFLAKE.CORTEX.SENTIMENT(<text>)
```

6.2.5　SUMMARIZE関数

　与えられた英語のテキストの要約を返します。

　以下のフォーマットで、<text>に要約したいテキストを英語で指定します。

リスト6.5: SUMMARIZE関数のフォーマット

```
SNOWFLAKE.CORTEX.SUMMARIZE(<text>)
```

6.2.6　TRANSLATE関数

　与えられた言語を指定した言語へ翻訳して返します。

　以下のフォーマットで、<text>に翻訳したいテキストを指定し、<source_language>に<text>の言語を指定し、<target_language>に翻訳したい言語を指定します。

リスト6.6: TRANSLATE 関数のフォーマット

```
SNOWFLAKE.CORTEX.TRANSLATE(
    <text>, <source_language>, <target_language>)
```

　また、TRANSLATE関数は、SENTIMENT関数やSUMMARIZE関数などの英語のテキストを入力するようなLLM関数と合わせて使うことも可能です。これにより、日本語のテキストの感情分析や要約などを行うことも可能になります。

リスト6.7: SENTIMENT 関数に TRANSLATE 関数を使う

```
SNOWFLAKE.CORTEX.SENTIMENT(SNOWFLAKE.CORTEX.TRANSLATE(
    <text>, <source_language>, <target_language>)
)
```

　Streamlitに、LLMの機能を追加するのに役立つSnowflake CortexのLLM関数を紹介させていただきました。LLM関数にフォーマット通りのパラメータを渡した上で、以下のようにSELECT文を使って実行することで、LLM関数をSQLのように利用できます。本書ではひとつの質問に対してひとつの回答を生成する方法を使用しますが、Snowflakeのテーブルの特定のカラムの各行の値に対してレスポンスを生成することも可能です。

リスト6.8: LLM関数を SQL で呼び出す方法

```
-- ひとつの質問に対してひとつの回答を生成する
SELECT SNOWFLAKE.CORTEX.COMPLETE('snowflake-arctic', 'Streamlitについて教えてください。');

-- Snowflakeのテーブルのカラムの各行の値からのレスポンスを生成する。
SELECT SNOWFLAKE.CORTEX.COMPLETE(
    'mistral-large',
    CONCAT('レビューを評価してください: <review>', content, '</review>')
) FROM reviews LIMIT 10;
```

6.3　ChatBot開発に役立つStreamlit関数

　それでは、ChatBot開発をスムーズに進めるために役立つStreamlitの主要な関数と、その使い方を紹介します。Streamlitには、チャットアプリケーションのGUIを開発するための便利な関数が豊富に用意されています。これらの基本的な関数を活用し、章の最後にアプリケーションを開発します。「session_state」とこれらの関数を組み合わせることで、PythonとStreamlitを使用してChatGPT[4]のようなChatBotを開発することが可能になります。

4.https://openai.com/chatgpt/

6.3.1　st.chat_message

チャットメッセージの形式で、テキストを表示するための機能です。アプリケーション使用者との対話形式のインターフェースを構築することができます。with記法を使って実装することが推奨されています。

リスト6.9: st.chat_message のフォーマット
```
st.chat_message(name, *, avatar=None)
```

6.3.1.1　name("user", "assistant", "ai", "human" or str)

「human」、「user」または「ai」、「assistant」を指定することで、メッセージの送信者を指定し、プリセットのスタイルやアイコンなどを指定することができます。「human」や「user」はアプリケーション使用者が入力したものとしてスタイリングされ、「ai」や「assistant」はチャットボット側からの出力としてスタイリングされます。

6.3.1.2　avatar(st.image, str or None)

メッセージの隣に表示するアイコンを指定することができます。デフォルトはNoneで、「name」オプションで指定したパラメータによってアイコンが変化します。また、「st.image」や絵文字、Material Symbols形式でアイコンを指定することも可能です。

6.3.2　st.chat_input

対話的なチャットインターフェースを提供する関数です。このウィジェットを使用することで、アプリケーション使用者が簡単にテキスト入力を行うことができます。

リスト6.10: st.chat_input
```
st.chat_input(placeholder="Your message", *, key=None, max_chars=None,
disabled=False, on_submit=None, args=None, kwargs=None)
```

6.3.2.1　placeholder(str)

テキストが入力されていないときに表示されるテキストを指定します。デフォルトでは「Your message」が表示されます。

6.3.2.2　key(str or int)

ウィジェットの固有キーとして使用する文字列または整数を指定できます。これを省略すると、ウィジェットのコンテンツに基づいてキーが生成されます。キーはsession_stateに渡します。

6.3.2.3　max_chars(int or None)

入力できる文字の最大数を指定します。デフォルトはNoneで、文字数制限は指定されません。

6.3.2.4 disabled(bool)

テキストの入力を不可にするかどうかを指定します。デフォルトはFalseです。

6.3.2.5 on_submit(callable)

チャット入力の値が送信されたときに呼び出されるオプションのコールバック関数を指定します。

6.3.2.6 args(tuple)

コールバック関数に渡すargs(タプル型で引数)を指定します。

6.3.2.7 kwargs(dict)

コールバックに渡すkwargs(辞書型で引数)を指定します。

以上で、StreamlitでChatBotアプリケーションを開発するために最低限必要な関数を学ぶことができました。これらの関数をSnowflake Cortexと組み合わせることで、非常に手軽にChatBotアプリケーションの開発することが可能になります。

6.4　ChatBotアプリケーションの構築

Snowflake Cortexについての概要を学んだので、StreamlitとSnowflake Cortex、さらにLLMを使用したChatBotアプリケーションを作成してみましょう。

本書執筆時点では、Snowflake Cortexは一部の地域のみ利用可能です。[5]そのため、本書ではAWS US West2(Oregon)リージョンでSnowflakeアカウントを作成し、そのアカウントのStreamlit in Snowflakeを使用してアプリケーションを動かしてみます。

6.4.1　前準備

Streamlit in Snowflakeの使用を開始するために、データベースとスキーマを選択する必要があります。そのため、まずはStreamlit in Snowflakeの使用の際に選択するデータベースとスキーマを作成しておきます。

5.https://docs.snowflake.com/en/user-guide/snowflake-cortex/llm-functions

リスト6.11: データベース・スキーマを作成

```
CREATE DATABASE STREAMLIT;
CREATE SCHEMA STREAMLIT.CORTEX;
```

そして、Streamlit in Snowflakeにて、先ほど作成したデータベースとスキーマを選択してプロジェクトの作成を行います(図6.1)。これで、Streamlit in Snowflakeを用いてChatBotアプリケーションを作成するための準備が整いました。それでは、Pythonスクリプトを作成し、ChatBotアプリケーションの作成に取りかかりましょう。

図6.1: Streamlit in Snowflakeでプロジェクトを作成

6.4.2 Pythonスクリプトの作成

それでは、ChatBotアプリケーションのPythonスクリプトの作成に取りかかります。まずは、アプリケーション作成に必要なライブラリーのimportと認証情報の取得を行います。

リスト6.12: ライブラリーのimportと認証情報の取得

```
1: import streamlit as st
2: from snowflake.snowpark.context import get_active_session
3: import pandas as pd
4:
5: # 認証情報を取得
6: session = get_active_session()
```

次に、サイドバーのセレクトボックスで使用するLLMモデルの名前を選択できるようにする「config_options」関数を用意します。チャット履歴の使用可否を選択できるチェックボックスや、チャットボットとのやり取りを削除するための「再開始」ボタンもサイドバーに配置します。「再開

始」ボタンをクリックすると、「init_messages」関数が呼び出されてチャットボットとのやり取りが初期化されるようになっています。チャット履歴の使用可否に関するチェックボックスの役割については、後述します。

リスト6.13: サイドバーに機能を追加する関数

```
1: # サイドバーのセレクトボックスでモデル名を指定できるようにする
2: def config_options():
3:     st.sidebar.selectbox('モデルを選択してください:', (
4:         'mixtral-8x7b',
5:         'snowflake-arctic',
6:         'mistral-large',
7:         'llama3-8b',
8:         'llama3-70b',
9:         'reka-flash',
10:         'mistral-7b',
11:         'llama2-70b-chat',
12:         'gemma-7b'
13:     ), key="model_name")
14:
15:     st.sidebar.checkbox('チャット履歴を使用しますか?', key="use_chat_history", value=True)
16:     st.sidebar.button("再開始", key="clear_conversation")
17:     st.sidebar.expander("セッション状態").write(st.session_state)
18:
19: # メッセージを初期化
20: def init_messages():
21:     if st.session_state.clear_conversation or "messages" not in st.session_state:
22:         st.session_state.messages = []
```

次に「get_chat_history」関数を用意します。ここでは、「st.session_state.messages」からチャット履歴を取得し、最大7件まで保持できるように実装しています。保持したチャット履歴は、次に用意する「create_prompt」関数の中でSnowflakeの「complete」関数に渡して使用します。

リスト6.14: チャット履歴を保持する関数

```
1: # チャット履歴を取得
2: def get_chat_history():
3:     chat_history = []
4:     start_index = max(0, len(st.session_state.messages) - 7)
5:     for i in range(start_index, len(st.session_state.messages) - 1):
6:         chat_history.append(st.session_state.messages[i])
```

```
7:        return chat_history
```

次は、チャット履歴からプロンプト(LLMに投げかけるテキスト)を生成する「create_prompt」関数を用意し、そちらを「COMPLETE」関数の中で呼び出して、Snowflake Cortex関数に渡してレスポンスを返すようにしています。このレスポンスは「st.chat_input」で生成しているテキスト入力欄に、テキストを入力した後に返されるようになっています。

Snowflake Cortexでは、同じモデルを使用している場合でも、「complete」関数の呼び出しはそれぞれ独立していて、ChatBotは基本的に前回の会話の内容を覚えていません。会話の流れを維持するためには、アプリケーション上でチャット履歴を保持しながらprompt変数に前回までのやり取りの内容を毎回教える必要があります。

本アプリケーションでは、prompt変数の中で「chat_history」と「question」というふたつのタグを使用し、それらのタグをどのように取り扱うのかを自然言語でLLMに対して命令しています。具体的には、「chat_history」タグ内の内容を考慮しながら、「question」タグ内の質問に答えるように命令を指定しています。

後述した「config_options」の、チャット履歴を使用するか選択できるチェックボックスはここで役立ちます。チェックボックスをオフにすると、チャット履歴を使用しないでpromptに対するresponseを返すように実装してあります。チャット履歴をpromptに明示的に教えない場合は、どのようなやり取りになるのか確認することができます。

リスト6.15: LLMに命令するプロンプトを作成する関数

```
1:  # プロンプトを作成
2:  def create_prompt(myquestion):
3:      if st.session_state.use_chat_history:
4:          chat_history = get_chat_history()
5:      else:
6:          chat_history = ""
7:
8:      prompt = f"""
9:      <chat_history>タグと</chat_history>タグの間にあるチャット履歴に含まれる情報を考慮
したチャットを提供してください。
10:     <question>タグと</question>タグの間に含まれる質問に簡潔に答えてください。
11:     情報を持っていない場合は、そのように言ってください。
12:     回答に使用した文脈には触れないでください。
13:     回答に使用したチャット履歴には触れないでください。
14:
15:     <chat_history>
16:     {chat_history}
17:     </chat_history>
18:     <question>
19:     {myquestion}
```

```
20:    </question>
21:    回答:
22:    """
23:
24:    return prompt
```

そして、promptを受け取って「complete」関数を実行する関数の作成を行います。これで一通り、関数の用意が完了しました。これらの関数を使用して、ChatBotアプリケーションの構築を行います。

リスト6.16: Snowflake Cortex の COMPLETE 関数を実行する関数

```
1: # 質問に対する応答を生成
2: def complete(myquestion):
3:     prompt = create_prompt(myquestion)
4:     cmd = "select snowflake.cortex.complete(?, ?) as response"
5:     df_response = session.sql(cmd, params=[st.session_state.model_name,
prompt]).collect()
6:     return df_response
```

最後に用意した関数を呼び出しながら、ChatBotアプリケーションを構築していきます。まずは、「st.title」でタイトルを表示し、作成しておいた「config_options」や「init_messages」などの関数を呼び出します。

次に、「for message in st.session_state.messages:」というfor文を使用して、アプリケーション使用者やChatBotがメッセージを送信する度に「st.session_state.messages」というリストにメッセージを追加します。「message["role"]」ではアプリケーション使用者がテキスト入力した内容、「message["content"]」ではChatBotが返したテキストが保持されるようになっています。

「if question := st.chat_input("テキストを入力してください"):」の部分でアプリケーション使用者がテキストを入力したと同時に、「create_prompt」関数の「question」タグに入力されたテキストが入り、LLMに命令が届きます。そして、「complete」関数によって指定したLLMモデルを使用して、返答が返ってくる仕組みになっています。また、前述したように、同時に「session_state.message」に入力したテキストやChatBotの返答が保存されます。

最終的に完成したPythonスクリプトは、以下の通りです(図6.2)。

リスト6.17: 完成した ChatBot アプリケーション

```
1: import streamlit as st
2: from snowflake.snowpark.context import get_active_session
3: import pandas as pd
4:
5: # 認証情報を取得
6: session = get_active_session()
```

```
 7:
 8: # サイドバーのセレクトボックスでモデル名を指定できるようにする
 9: def config_options():
10:     st.sidebar.selectbox('モデルを選択してください:', (
11:         'mixtral-8x7b',
12:         'snowflake-arctic',
13:         'mistral-large',
14:         'llama3-8b',
15:         'llama3-70b',
16:         'reka-flash',
17:         'mistral-7b',
18:         'llama2-70b-chat',
19:         'gemma-7b'
20:     ), key="model_name")
21:
22:     st.sidebar.checkbox('チャット履歴を使用しますか？', key="use_chat_history",
value=True)
23:     st.sidebar.button("再開始", key="clear_conversation")
24:     st.sidebar.expander("セッション状態").write(st.session_state)
25:
26: # メッセージを初期化
27: def init_messages():
28:     if st.session_state.clear_conversation or "messages" not in
st.session_state:
29:         st.session_state.messages = []
30:
31: # チャット履歴を取得
32: def get_chat_history():
33:     chat_history = []
34:     start_index = max(0, len(st.session_state.messages) - 7)
35:     for i in range(start_index, len(st.session_state.messages) - 1):
36:         chat_history.append(st.session_state.messages[i])
37:     return chat_history
38:
39: # プロンプトを作成
40: def create_prompt(myquestion):
41:     if st.session_state.use_chat_history:
42:         chat_history = get_chat_history()
43:     else:
44:         chat_history = ""
45:
```

第6章　StreamlitでChatBotを開発する　299

```
46:        prompt = f"""
47:        <chat_history>タグと</chat_history>タグの間にあるチャット履歴に含まれる情報を考慮
したチャットを提供してください。
48:        <question>タグと</question>タグの間に含まれる質問に簡潔に答えてください。
49:        情報を持っていない場合は、そのように言ってください。
50:        回答に使用した文脈には触れないでください。
51:        回答に使用したチャット履歴には触れないでください。
52:
53:        <chat_history>
54:        {chat_history}
55:        </chat_history>
56:        <question>
57:        {myquestion}
58:        </question>
59:        """
60:
61:        return prompt
62:
63: # 質問に対する応答を生成
64: def complete(myquestion):
65:        prompt = create_prompt(myquestion)
66:        cmd = "select snowflake.cortex.complete(?, ?) as response"
67:        df_response = session.sql(cmd, params=[st.session_state.model_name,
prompt]).collect()
68:        return df_response
69:
70: # アプリのタイトル
71: st.title(":speech_balloon: チャットボット")
72:
73: # 設定オプションを表示
74: config_options()
75: # メッセージを初期化
76: init_messages()
77:
78: # 再実行時に履歴からチャットメッセージを表示
79: for message in st.session_state.messages:
80:        with st.chat_message(message["role"]):
81:            st.markdown(message["content"])
82:
83: # アプリケーション使用者の入力を受け付ける
84: if question := st.chat_input("テキストを入力してください"):
```

300 | 第6章　Streamlit で ChatBot を開発する

```
85:        st.session_state.messages.append({"role": "user", "content": question})
86:        with st.chat_message("user"):
87:            st.markdown(question)
88:
89:        with st.chat_message("assistant"):
90:            message_placeholder = st.empty()
91:            question = question.replace("'", "")
92:
93:            with st.spinner(f"{st.session_state.model_name} 考え中..."):
94:                response = complete(question)
95:                res_text = response[0].RESPONSE
96:                message_placeholder.markdown(res_text)
97:
98:        st.session_state.messages.append({"role": "assistant", "content": res_text})
```

図 6.2: 完成した ChatBot アプリケーション

6.4.3　Fine-Tuning について

　本章の冒頭で少し触れましたが、Cortex Fine-Tuning を使用して LLM のパラメータを調整することで、ChatBot を特定のデータセットに特化したものに改良することが可能です。本書執筆時点では、Cortex Fine-Tuning は Snowflake の無料トライアルアカウントでは利用できないため、実際のアプリケーションへの導入は割愛させていただきます。チュートリアルも用意されているため、そ

ちらも合わせてご確認いただくことで理解が深まるかと思います。[6]

Cortex Fine-Tuningの機能は、Snowflake Cortex関数の「FINETUNE」として「CREATE」という引数が用意されており、こちらを使用することで、与えられた訓練データでFine-Tuningジョブを作成できます。本書執筆時点では、「mistral-7d」、「mixtral-8x7d」、「llama3-8b」、「llama3-70b」などのモデルに対してFine-Tuningを行うことができます。

以下のようなSQLを実行することで、Snowflakeのテーブルを使用してFine-Tuningを行うことができます。カラム名には「prompt」、「completion」が含まれている必要があります。Snowflakeのテーブルにこれらのカラム名が存在しなければ、「AS」でエイリアスを付けます。「prompt」カラムにはLLMへの質問内容を、「completion」カラムにはLLMがその質問に対してどのように回答するのかを示すテキストを格納しておき、以下のようなフォーマットでクエリを実行することで、指定したLLMモデルをFine-Tuningすることができます。

リスト6.18: Fine-Tuning をするためのフォーマット

```
1: SELECT SNOWFLAKE.CORTEX.FINETUNE(
2:   'CREATE',
3:   'my_tuned_model', -- Fine-Tuningして作成するモデルの名称
4:   'mistral-7b', -- Fine-Tuningをするモデルの名称
5:   'SELECT a AS prompt, d AS completion FROM train', -- 訓練データを取得するクエリ
6:   'SELECT a AS prompt, d AS completion FROM validation' -- 検証データを取得するク
エリ
7: );
```

そして、以下のようにCOMPLETE関数でFine-Tuningをしたモデルを使用して、レスポンスを生成することができます。

リスト6.19: Fine-Tuning したモデルを使用するフォーマット

```
1: SELECT SNOWFLAKE.CORTEX.COMPLETE(
2:   'my_tuned_model', -- Fine-Tuningして作成するモデルの名称
3:   '<prompt_or_history>'
4: );
```

この章では、Snowflake CortexとStreamlitを駆使して、ChatBotの構築方法を学びました。Snowflake Cortexの強力なLLM機能とStreamlitの直感的なインターフェースを組み合わせることで、驚くほど簡単に高度なアプリケーションを実現できました。SnowflakeはAIの新機能を次々とリリースしており、今後さらにStreamlitと組み合わせることで、より高度なアプリケーション開発が可能になるでしょう。

6.https://quickstarts.snowflake.com/guide/finetuning_llm_using_snowflake_cortex_ai/index.html?index=..%2F..index#0

あとがき / おわりに

ここまでお読みいただき、誠にありがとうございます。いかがでしたでしょうか。

業務で、Streamlit を利用してデータ可視化アプリやデータカタログを業務で開発する中で、その使いやすさと柔軟性に感銘を受けました。しかし、日本ではまだStreamlit に関する情報が限られており、英語のドキュメントやリソースを参照する必要がありました。この本を執筆する過程で、Streamlit の基本から応用までを体系的にまとめることで、日本語圏の開発者にとってのハードルを下げ、Streamlit の活用を促進したいという思いが強くなりました。Streamlit は、データサイエンスや機械学習の分野でのすばやいプロトタイピングや可視化を可能にする強力なツールです。この本が、皆さんの業務やプロジェクトにおいて Streamlit を活用し、新たな価値を生み出す手助けとなれば幸いです。

山口歩夢(X:@Yamaguchi_aaaaa)
 ・X:https://twitter.com/Yamaguchi_aaaaa
 ・Qiita:https://qiita.com/Ayumu-y

著者紹介

山口 歩夢 （やまぐち あゆむ）

データエンジニアとして従事。業務ではデータ基盤の構築・運用をやりながら、Streamlit
でのデータ可視化アプリケーションやデータカタログの作成を行なっている。また、Xや
登壇などでStreamlitについて情報発信も行なっている。

◎本書スタッフ
アートディレクター/装丁：岡田章志＋GY
編集協力：山部沙織
ディレクター：栗原 翔
〈表紙イラスト〉
はる
普段はグラフィックデザインや映像のお仕事をしながら、一年中の手乗りサンタ「YoChal」
のイラストを描いてます。

技術の泉シリーズ・刊行によせて
技術者の知見のアウトプットである技術同人誌は、急速に認知度を高めています。インプレス NextPublishingは国内
最大級の即売会「技術書典」（https://techbookfest.org/）で頒布された技術同人誌を底本とした商業書籍を2016年
より刊行し、これらを中心とした『技術書典シリーズ』を展開してきました。2019年4月、より幅広い技術同人誌を
対象とし、最新の知見を発信するために『技術の泉シリーズ』へリニューアルしました。今後は「技術書典」をはじ
めとした各種即売会や、勉強会・LT会などで頒布された技術同人誌を底本とした商業書籍を刊行し、技術同人誌の普
及と発展に貢献することを目指します。エンジニアの"知の結晶"である技術同人誌の世界に、より多くの方が触れ
ていただくきっかけになれば幸いです。

インプレス NextPublishing
技術の泉シリーズ　編集長　山城 敬

●お断り
掲載したURLは2024年11月1日現在のものです。サイトの都合で変更されることがあります。また、電子版では
URLにハイパーリンクを設定していますが、端末やビューアー、リンク先のファイルタイプによっては表示されない
ことがあります。あらかじめご了承ください。
●本書の内容についてのお問い合わせ先
株式会社インプレス
インプレス NextPublishing　メール窓口
np-info@impress.co.jp
お問い合わせの際は、書名、ISBN、お名前、お電話番号、メールアドレス に加えて、「該当するページ」と「具体的
なご質問内容」「お使いの動作環境」を必ずご明記ください。なお、本書の範囲を超えるご質問にはお答えできないの
でご了承ください。
電話やFAXでのご質問には対応しておりません。また、封書でのお問い合わせは回答までに日数をいただく場合があ
ります。あらかじめご了承ください。

●落丁・乱丁本はお手数ですが、インプレスカスタマーセンターまでお送りください。送料弊社負担にてお取り替えさせていただきます。但し、古書店で購入されたものについてはお取り替えできません。
■読者の窓口
インプレスカスタマーセンター
〒101-0051
東京都千代田区神田神保町一丁目105番地
info@impress.co.jp

技術の泉シリーズ

Streamlit入門
Pythonで学ぶデータ可視化&アプリ開発ガイド

2024年12月6日　初版発行Ver.1.0（PDF版）

著　者　　　山口 歩夢
編集人　　　山城 敬
企画・編集　合同会社技術の泉出版
発行人　　　高橋 隆志
発　行　　　インプレス NextPublishing
　　　　　　〒101-0051
　　　　　　東京都千代田区神田神保町一丁目105番地
　　　　　　https://nextpublishing.jp/
販　売　　　株式会社インプレス
　　　　　　〒101-0051　東京都千代田区神田神保町一丁目105番地

●本書は著作権法上の保護を受けています。本書の一部あるいは全部について株式会社インプレスから文書による許諾を得ずに、いかなる方法においても無断で複写、複製することは禁じられています。

©2024 Ayumu Yamaguchi. All rights reserved.
印刷・製本　京葉流通倉庫株式会社
Printed in Japan

ISBN978-4-295-60351-1

Next Publishing®
●インプレス NextPublishingは、株式会社インプレスR&Dが開発したデジタルファースト型の出版モデルを承継し、幅広い出版企画を電子書籍＋オンデマンドによりスピーディで持続可能な形で実現しています。https://nextpublishing.jp/